U0000188

把自己變成光

許伊妃

66 目錄

”

序

日本送行者學院校長 木村光希

　　三年前透過社群軟體收到了一封「我真的很想到貴校學習納棺」的訊息，其實一直都有不少人從海外傳來入學請求，但聽到入學的門檻以及入學之後的訓練，通常都沒有人再主動聯繫，只有許さん極度的窮追不捨，主動聯繫了學校無數次。

　　有一次她知道我們到台灣出差，透過翻譯的安排終於碰了面，不管我說出多少困難點，她都說為了入學她可以一一克服。看見了她的求學態度和她的那份心意，我真的無法拒絕她的入學請求，甚至覺得非常榮幸有她加入我們學校。

　　入學之後，要同時兼顧語言學校和送行者學院的課業，實在是很辛苦，而且送行者學院的課程是全日文，要學習的課題是多到連日本人都可能無法負荷的，學校也沒有特別安排翻譯給她，但，她用加倍的努力通過了一項項的測試和考驗，最後順利畢業了！

在畢業檢定考的那天，其實我們還特別出了比其他人更難的考題，但她卻有條有理地完成了所有測驗。

入學典禮那天，她只能用幾句簡單的日文自我介紹，但畢業典禮那天，竟然能用日文背誦出完整的畢業論文，實在讓我們在座的老師非常感動……

從今以後，也希望她能繼續宣揚好的葬儀文化，善用知識及技術，讓不只台灣、甚至是亞洲各地的家屬和亡者都能接受到更好的對待。

透過這本書，你能感受到很多有關對生命及尊嚴的不同思維，還有了解她是如何一步步洞悉探索這一切的。

相信我，一定很值得。

序

許伊妃的媽媽 彭蓓玉

一開始妃妃要我幫她寫新書的「序」，別鬧了媽媽怎麼會寫啦！這是她的第二本書……我可別搞砸了才是！

總覺得幫人家寫序是「大事」，除非自身條件比別人優秀，不然怎能擔負起寫序的大任？！

苦苓說：
「第一、你一定要比對方厲害，至少是輩份比較高的人；
　第二、你要把別人的書看得很仔細，看出好處、還有別人看不到的好處；
　第三、幫人寫序就好像幫人代言產品一樣『掛保證、一定讚』！」
不然怎麼昭告天下呢？

想想我好像兼具了以上條件──
我是她的母親輩份高；

她的成長過程我比誰都了解；

她是我的女兒「品質一定優秀、掛保證」！

所以這篇序不難寫，因為這本書寫出來的是做母親的「痛」！

妃妃的兩本書裡，剖析了她的大半人生故事，對於做母親的我來說真的很捨不得！

當得知她憂鬱症發病時，我一路陪伴，那時是我最「痛不欲生」的日子，對她而言更是加倍艱難地面對每一天。

在每一場她的分享會場，我總是強忍淚水，心疼她的過去及種種為將來的努力。

在日本求學的階段，她總是報喜不報憂，就是為了不讓家人擔心！但還是有潰堤的時候。

畢業了，表面上我看到的是榮譽與驕傲，殊不知那辛苦的背後有多少心血和代價，在畢業典禮上她和老師、同學一起哭得淅瀝嘩啦……

從完全不懂日文到自學成功還可以教學，那份「使命感」支撐了她所有的意志力，度過每一個異國的漫長夜晚。

在日本，我陪伴她 14 天，我都不敢跟她說「辛苦了」或抱抱她，因為我看到，她為了在日本學習「納棺禮儀」的信念，做了她人生中最大的改變和前進，而我不能讓她知道為人父母心裡的疼與痛還有百般不捨，因為怕一開口就會哭，會影響到她的情緒……

她回國後仍然在做心靈探索及輔導的分享，雖然每次的分享有歡笑、有淚水，但那都是每個人的真實世界，而且每個人都願意面對過去留下的傷痕和遺憾，願意對自己未來的日子許下幸福的承諾，更為自己努力地過好每一天！

在這本書裡可以看見她在日本求學的過程和經歷，更可以看見她對信念的堅持；在日本納棺禮儀的世界裡，那是走進人的身心靈的領域，簡單地說，是一個會讓人情緒潰堤的儀式，進入你永遠不敢觸碰的世界，其實就是自己的心。

當我拿到這本書稿，我以為和上一本一樣是講別人的故事！天哪～妳怎麼把家醜拿出來寫呀？！然後淚水不聽使喚拼命地流洩，根本無法再繼續閱讀，我好像搭上了時光機回到過去，一幕幕錐心的情節從眼前掠過——

寫到這裡，你們會想知道她的過去種種嗎？

我怕你們和我一樣會搭上時光機回到過去……

我怕你們會和我一樣淚水渲洩不止……

我更怕你們會潰堤在過去的世界裡……

人生最大的功課就是要學會面對並戰勝一切逆境！

成為美麗的蝴蝶前，要先經過毛毛蟲的艱辛蛻變，才能羽化成為美麗的蝴蝶！

跟過去和解

Chapter One

"
即使我無時無刻可能都在懷疑：光在哪裡？

但我依然勇敢地告訴自己：

一定要跨越這個短暫的黑暗，

一定要看見那道光。
"

我把爸媽給扔了

:

大家只看見現在的許伊妃，
就連我都差點以為自己就是新聞媒體上的
那個許伊妃了……

　　我從沒提起過，我出生在一個小康富裕的家庭，因為爸
爸少年得志自己做生意，從小真的就是過著小公主般的生
活。

　　還記得小時候我的睡衣上有隻小鱷魚，鞋子總有幾個英
文字母，爸爸媽媽開的車車頭有個螺旋槳，2000 年我們家在

精華路段上有一棟快 3000 萬的房子，家裡有整間的玩具間，還有將近 20 萬的教學套書，有很多哥哥帥氣的變形金剛、姐姐精緻的芭比娃娃。

不只這樣，我媽那時穿的一套內衣要價台幣兩萬，我們家三兄妹念的是佔地算甲的全美語貴族幼稚園，一個小孩一學期的學費台幣 10 萬，對現在來說，這些數字可能已是平常，但，你得把時間軸往前推 20 幾年⋯⋯

是吧？聽起來很奢侈，但我的出生背景確實如此。

幾年後，哥哥姐姐陸續從這個名校畢業了，但，我沒有⋯⋯
一切，對我來說就好像是睡了一覺、作了一場夢，眼睛睜開後的現實，是從媽媽牽著我的手走進家裡開始，地上散落的書籍、被肢解的變形金剛、髒兮兮的芭比娃娃⋯⋯家門口再也沒有學校的車來接我，我突然不用上學了。

只記得媽媽激動地說著我還聽不懂的台語，就這樣關上家門。

「走吧。」她拉著我。

莫名其妙的，我們從透天厝搬到公寓。發生什麼事了？其實我也不清楚，我只知道豪宅空了，只剩下一個倒在地上且被挖空的撲滿。

66 ··

搬了家，變化並沒有停止。

他，開始不上桌吃飯，接著不回家；而她，本來是委屈地在夜裡暗自流淚，最後卻歇斯底里、張牙舞爪。

就連只有4歲的我，都能發現他倆形同陌路，某天在外頭東西散落的擊響聲中，我開門看見一陣平行扭打。

這只是搬家嗎？我倒覺得從那刻開始，我根本沒有家。

果然，這世界上不會改變的就是變。

又是一個晚上，我們三兄妹搬去阿嬤家了。

那天半夜，我被啜泣聲和壓抑的咆哮聲吵醒了，躲在被

跟過去和解

窩裡頭，看見阿嬤生氣聳起肩的背影，還有她正在阿嬤面前下跪跟阿嬤磕頭。阿嬤轉了一個側臉，連看都不看她，用著害怕吵醒我們的聲量低聲咆哮著：

「妳不要給我做這些，妳要走就走。」

我不懂她為什麼要磕頭，當然我更不明白她要走去哪。我還以為我只是作了一場夢，但一早起來，她跟他都不回家了，喔不對～我早就沒有家了。

開始有人打電話來阿嬤家說要找許先生，阿嬤跟親戚們就不斷提醒我們接到這樣的電話要說沒有這個人。

小學一年級的某一天下課，我真的就接到一通這樣的電話，是個女生，連聲音我到現在都還記得，她一開始耐心的問我叫什麼名字？幾歲？在哪個學校上課？讀幾年幾班？

還年幼的我當然像個笨蛋回答她，她回了我一句：「哇，妳怎麼這麼棒，妳都知道耶！」

接著她又說：「我告訴妳！我現在知道妳叫什麼名字、在哪上學了，妳們老師沒有教妳欠錢要還錢嗎？」

「沒有這個人，我不認識他，再見。」我掛上電話。

因為公司週轉不靈，不管是銀行還是私人討債全都上門，法院通知要來查封房子，阿嬤要我下課不能馬上回家，還告訴我如果回家看到門口有人，不能停下來，要假裝自己住在樓上；在家如果有人按電鈴，不能開，如果有人問起他倆的名字，我還得說沒有這個人。

99

不知道多久以後，這兩個人一起出現在我們面前，但開口第一句話不是說他們想我，而是問：「你要跟誰？」

「你要跟誰？」阿伯叔叔嬸嬸姑姑問我。
「你要跟誰？」阿姨姨丈舅舅舅媽問我。
「如果有人問你要跟誰，你要說跟阿嬤。」鄰居教我。
是，我是跟了阿嬤，我是阿嬤養大的。但不是我爸媽不要我，當然更不是因為鄰居教我，而是我把他們兩個給扔了。

他們以為他們的假裝我們看不懂，其實是我們在假裝我們不明白。

這就是我幼年的故事，我的「源」頭，我的開始。

跟過去和解

我不怨了

:

謝謝上天，讓我在你健康的時候就後悔，
讓我還有時間去道愛、道歉、道謝！

　　父母真的離婚了，而我們三兄妹也真的全部選擇阿嬤，
跟著阿嬤開始一段為期 6 年的輪流換殼生活。

　　在我的記憶裡，很多畫面都被剪接，我想不起來有誰來
參加過我的學校活動，國小的親師座談會，或者任何活動的
成果發表、畢業典禮等等……其他的故事，就像上一本書裡
寫過的那樣：我曾對媽媽大聲吼：「你不要管我！」。

單親家庭的孩子心裡會有很多遺憾，大人們以為我們還小、我們不懂，就算那年我只有 6 歲，我卻存檔了所有最痛的畫面。

　　如果你是單親「家長」，請記得多陪陪你的孩子，因為，你以為孩子不懂，其實早已學會渴望；不然，那個距離、那個遺憾、那個心裡的原諒，有可能等了大半輩子才到心門口。

　　如果你是單親家庭的「孩子」，請不要怨恨，沒有人能選擇出身，但是你可以決定怎麼活，其實父母也依舊在責任與愧疚的夾縫生存，永遠都難以啟齒對我們的愛。

"

　　我想說說我和爸爸的故事。

　　回想起國中最叛逆的那階段，真的不堪。那個月輪到去爸爸家住，爸爸睡在客廳被蚊子叮，沒蓋被子是因為不敢熟睡，怕未成年的我又跑出門去。

　　有一次，我晚歸，爸爸奪命連環 Call，我一回到家就跟爸爸吵了起來。結果一上樓回到房間，我便難過了起來，因為我看到我的床上有我最愛的小熊維尼馬克杯和時鐘。

那時候的我，想要跟其他同學一樣有家人送便當，爸爸就算不會煮，他也每天中午提早到自助餐買飯跟菜，然後每天送到學校給我。國中翹課，被好不容易轉進去的名校主任下令轉學，我後來才聽主任說，爸爸是九十度鞠躬地求主任給我機會。

最後一次轉學，爸爸難過地跟學校老師說很想放棄，回到家又要面對我驕縱的思維和伶牙俐齒，那次，我看見爸爸第一次甩門離開的背影，看著從沒兒過我的爸爸淋著雨失望地走遠……每每想到這些，我的心就非常難受，相當後悔。

一直以來，我跟爸爸的心都有距離，即使住在同一個屋簷，甚至都沒辦法像我跟我舅舅一樣親近，但隨著我的成長、爸爸的年齡增長，我從我的視角看著爸爸，告訴我自己——「不要再有任何怨了。」

離婚的當年，爸媽負債千萬，我很佩服我的爸爸，他沒有跑路、沒有不要我們，甚至沒有打算讓孩子們承擔一分一毛的債務，他就這樣一個人撐了過來。求學階段，只要打電話給爸爸，就是要學費。

爸爸曾經失落的說：「怎麼只有要錢才想到爸爸？」

但是現在記憶裡，那時的爸爸依然掛著笑容；現在長大回想起來，才能看得見他的心酸。

這麼多年來，爸爸從來沒有在我面前和另外一半同框過，但是，年紀小不懂事的我，依然對爸爸身邊的阿姨存有敵意，甚至只要看到爸爸和女性的合照就憤而亂畫，讓爸爸明顯感受到我的不能接受⋯⋯

直到現在，我才告訴爸爸：「爸爸，我很感謝現在身邊有人照顧你⋯⋯」爸爸才回答我說：「是嗎，爸爸一直記得妳當初的反彈⋯⋯」

這幾年，爸爸告訴我外債都告一段落了。今年，我看見爸爸終於出國玩，坐遊輪，終於可以開始過自己的生活，我好替他高興。我不管上一代的恩怨，但我爸爸沒放棄過我的手，至少爸爸現在還是我最強的後盾。

前天下著雨，爸爸騎機車來接我去坐火車，我看見爸爸穿著黃色輕便雨衣，把好的雨衣留給我穿，「原來⋯⋯這就

跟過去和解

是爸爸……」

原諒我的不成熟，已經 20 幾歲的我，應該要跟爸爸交換雨衣，或是換我接送他才對，但是請原諒我，想要永遠當爸爸的孩子，想要感受這個我從來不明白也無法不把握的當下。我坐在爸爸的身後，爸爸那樣為我擋著雨，就像從小到大幫我擋下的所有風雨。我慚愧地看著爸爸的皺紋，才驚覺了歲月的痕跡。這場大雨，澆熄了我內心不平衡、不圓滿的吶喊。

以前，我總覺得自己很可憐，總是覺得自己缺乏愛，內心層面充滿了對這個家庭失敗的不滿。但現在我只想求父母都平安都健康，求求時間別讓他們再變老了……

爸，謝謝你愛我，我不怨了，你也不要愧疚了。
謝謝你為了我們堅持著。
爸爸，對不起，謝謝你；我愛你。

什麼是爸爸，就是寧願自己吃苦，也要把最好的都給你。

跟過去和解

因為妳的勇敢

:

這個世界上所有的愛都是假的，
只有你的家人會愛你一輩子。

　　到目前為止，我人生最珍貴的經驗，應該就是那一陣子的憂心纏身，足以用生不如死來形容的一個過往，我的不懂事傷害了愛我的大家，我們卻也一起築了座城堡。

　　在我憂鬱症最嚴重的時候，收到出版社的邀請，當時在黑暗裡毫無信心的我，靠著僅存的心力、唯一的一股力量叫

我一定要完成我的第一本書，提醒我無論如何我都要撐下去，也不斷提醒我自己──

「你一定要跨越這個短暫的黑暗，一定要看見那道光。」

即使我無時無刻可能都在懷疑：光在哪裡？

2017 年 10 月新書順利發表了，開始了一連串的宣傳，校園演講、電台廣播、雜誌採訪、電視媒體……一盞盞鎂光燈打在我身上，但總是短暫且瞬滅，我想，這肯定不是我看見的光吧？

但這個短暫的鎂光，卻成為了我的引路油燈。

記得有一次新書宣傳接受某廣播電台採訪主持人問我：
「妃妃，妳在書裡頭寫到的半夜一定會起床的魔咒，是因為跟媽媽有關係，我們想知道妳怎麼走過，怎麼跟媽媽走到現在的？」

因為新書的通告都是我媽帶著我跑，這個時候她也坐在一旁，但她一頭霧水，這個失眠跟她有什麼關係？

我深呼吸了一口氣。

「我爸媽離婚的時候，媽媽不在我身邊，有天晚上媽媽偷跑回來看我，讓我睡在她的手臂上，結果半夜醒來，媽媽不見了，身邊……換成姐姐了。」

因為是電台廣播，我媽想說些什麼，卻又止住了。

我看見主持人的視線轉向媽媽，她像是被一股不可思議的強波震撼一般，睜大眼睛，我清楚看見她眼眶裡的洶湧，她轉身先離開了錄音現場。我的書她還沒有仔細認真地看過，所以主持人問起的事情，是我從來沒有跟她說過，更是她從以前到現在都不知道的。

錄音結束，她帶著一個不敢相信的表情在車上告訴我：
「我不知道我給妳的影響這麼大。」她沒有哭，很冷靜。
「嗯，這是我憂鬱症的開端。」我更是沒有生氣、沒有情緒地說明這件事情。

要寫出一本能夠透過分享去影響人的好書，我想最基本的，就是必須赤裸面對自己；而那個赤裸的自己，往往都守

跟過去和解

著那個自己最不想面對的傷口。但接下來的日子，在我清創自己傷口的同時，她也正赤腳踩在被我挖出來的碎玻璃上頭。

在演講或是採訪的時候，我與大家分享原生家庭帶給我的影響，曾經累人地怨恨著自己的家庭，我說出了很多她不知道的事情，甚至當我說著：「我恨了我媽媽整整 20 年！」的同時，她也就坐在一旁，但她總是不發一語的跟著我走過這段過程。

在我們倆關係緩和一點之後，我問她：
「媽媽，你那時到底離開多久？」
「1 年啊。」
「蛤？？」
「其實只有 1 年。」
「是喔！我怎麼覺得童年就像沒有妳存在一樣。」

記不得什麼時候，她回來了，開始想要盡力完成她身為母親的責任，但我硬生生指著她的臉：「妳憑什麼管我？在！我！最！需！要！媽！媽！的！時！候！妳！在！哪！裡！」

記憶裡的她，依然沒有回應，但我知道她很痛很痛……

我才知道，一直以來我都在用我以為的疼痛揭她過去的傷疤。我的媽媽一直這麼勇敢，她沒有逃避更沒有喊痛，即使腳上扎滿了碎玻璃，心底深處的舊傷不斷湧出新血，她也因為這份「愛」、因為她希望她的女兒走出來，而咬著牙，放下了媽媽的權威。

她，為了我，做了一件這麼勇敢的事情。

我媽用她的勇敢告訴我，我必須也勇敢地面對心裡的負面和眼前的一切。

我不是想留學，
只是想被在乎

：

當初那個一直想要出國留學的我，沒有什麼目標，
只有一個激烈的目的，就是——
我想知道有沒有人關心我、有沒有人會保護我，
想知道我有沒有人可以靠。

以前在一線工作時，我常常被人家問：
「怎麼克服面對遺體的恐懼？」
「妳的勇氣哪裡來的？」
「需要具備什麼才有辦法入行？」

當然這趟日本留學的生活也免不了被瘋狂追問：

「妳怎麼會想要去日本？」

「妳一個人在那裡不會孤單嗎？」

「這樣子生活過得去嗎？」

「壓力不會很大嗎？」

「不會想回台灣嗎？」

其實我出國念書的念頭，前前後後有好幾次，但萌發這個想出國念書的勇氣跟決定，我想，應該要感謝乾媽。

國二那年，因為學校要表演跳舞，借用了同學家的練舞室，喔不，嚴格說起來是因為一鍋咖哩飯，所以認識了這位美魔女乾媽。

在我把爸媽丟掉之後，變成一個不愛回家，但是又渴望溫熱飯菜的野孩子，剛好，這天乾媽幫我們幾個孩子準備了咖哩飯。

「等下你們練完可以下樓吃。」

其實那時候的我既不吃地瓜、芋頭、馬鈴薯，也不愛咖哩，但因為練完舞實在太餓了，勉強和同學們坐在餐桌上吃

跟過去和解

了一口。

「天啊！好辣！好辣！好辣！怎麼這麼辣！」我辣到流眼淚。

「蛤？會嗎？」乾媽邊笑，然後端了冰水來給我。

但奇怪的是，我沒有停下湯匙，下一秒開始，一邊喝著加滿冰塊的水，一邊吃著咖哩飯。我不知道是因為餓了，還是沒吃過這麼好吃的咖哩，竟足足吃了有 7 碗這麼多！而這一吃，讓乾媽記得我了。

之後乾媽家只要煮咖哩，絕對叫上我去他們家一起吃，慢慢的，不只有煮咖哩飯會叫上我，端午節粽子、元宵節湯圓，甚至是親戚的喜酒……都能看到我出現。

這「乾媽」讓我一喊，到現在 11 年了。

我知道不只是因為乾媽的手藝無人能抵，其實更重要的應該是我眼前的餐桌上有溫暖菜餚。也是因為這樣，讓我有機會可以在乾媽家的餐桌上，聽見嘟嘟姐姐日本留學的故事。

嘟嘟姐姐 18 歲那年就被送到日本學烘焙，所以我認識乾媽的時間點，剛好嘟嘟姐姐正在日本念書。我還清楚記得乾媽都是用電腦視訊，那時候手機還沒有視訊功能，正好那天乾媽視訊時我在一旁，姐姐在電話裡跟乾媽說著委屈，因為烘焙專門學校要檢查服裝儀容，規定一定要黑頭髮，嘟嘟姐姐已經自己把頭髮全染黑了，但是因為洗頭會褪色，顏色沒有那麼黑，已經染了第三次了，學校竟然翻起頭髮內側想要找碴。

掛完電話之後，乾媽說：「我叫嘟嘟姐姐再仔細染一次，如果下次再說不合格，媽媽就飛去日本！」

不知道為什麼，乾媽說完這句話，我突然好羨慕嘟嘟姐姐。
就是這個羨慕，讓那時候的我萌生出國念書的念頭。回家馬上跟我爸說：「請你在我國中畢業就送我出國念書。」

你是不是在想，我可能覺得去日本念書很棒、很讓人嚮往？但你猜錯了，我不是羨慕她能飄揚去日本念書，而是羨慕她的委屈就算遠在 2163 公里之外，也有人隨時準備為她出頭。

跟過去和解

說真的，國中那個一直想要出國留學的我，沒有什麼目標，只有一個激烈的目的，就是——我想知道有沒有人關心我、有沒有人會保護我，想知道我也有人可以靠。因為我真的不知道要用什麼方式，才能感受到他們在乎我！

　　當然，我國中畢業還在台灣，我爸心裡肯定藏著一句：「你爸我正在還債！」（哈）

　　等到嘟嘟姐姐從日本歸國之後，我問她：「姐姐，妳在日本總共待了幾年？」
　　「前後加起來～3年半吧！」她邊從行李箱拿出一包日本糖果遞給我，好像3年這時間沒什麼大不了的。

　　一個人在國外生活、無需畏懼的勇氣，我想是她這個簡單的回答帶給我的。問她這個問題時，她也才22歲，是她讓我知道這並沒有什麼好怕的。

　　姐姐回國後兩年，換我準備從高中畢業，想「留學」的念頭當然沒有停止。只是這次我學聰明了，吵爸不成，我換吵阿嬤！大家都知道阿嬤疼孫，又剛好有親友推薦日本的醫

跟過去和解

科大學，在一番說明跟介紹之後阿嬤真的同意了！

這天晚上吃飽飯之後，我牽著她老人家的手在公園走了幾圈。

「我如果真的出國了，妳要好好照顧自己喔！」我說。

「會啦，阿嬤在台灣哪會有什麼事情。」她靜靜地這麼回。

接著自言自語的說了好幾句：「不知道學校會不會離家很遠，台灣轉錢過去應該很方便吧？」「那妳現在要開始學煮飯，阿嬤會教妳一些方法妳放心。」「這樣坐飛機過去要多久？如果說發生什麼事情我們過去會不會很久？」

她一個人默默盤算，說多自然就有多自然，而快要高她20公分的我，剛好在一個她看不見的角度泛淚看著她老人家。「謝謝您愛我，謝謝您讓我知道還有您愛我……」我心裡喊著。

但是出乎意料地，高中畢業我依然在台灣，我知道你一定想問我，為什麼18歲沒順利出國？第一，果然留學不是一件拍拍屁股就可以走的簡單事兒；另外，就是這個世界天

下父母心，媽媽總是愛女兒的，阿嬤決定開間餐廳給她女兒，也就是我娘，畢竟我是外孫女，我自己知道阿嬤不是開銀行，哪可能負擔得了這麼重的開銷，要供女兒開餐廳，還要負擔外孫女學費。她老人家雖然沒說，但我數學還不算太差，還知道四年大學在國外沒個幾百萬念不起。

更何況，阿嬤沒有欠我，要讓阿嬤這樣支出，老實說我做不來也捨不得，所以身為外孫女的我，自動撤銷日本留學的資金請求。

最後阿嬤帶點失望地問了我一句：「日本真的不去了喔？」

「不去了，家裡要開餐廳，我留下來幫忙吧。」

我沒說明真正原因，所以她總說我三心二意。

世界上最珍貴的禮物

:

這世界上最珍貴的禮物，
依然是父母給你的，依然是你的家賦予你的，
嗯，就是你的手足。

我們家三兄妹間隔 333，我跟我姐差 3 歲，跟我哥差 6 歲，先跨過彼此包著屁衣的時候，這種間隔就是我哥已經國中了，我才剛念小一；我姐已經可以跟著初戀小男友出門約會了，而我還是小學生，大概是這種概念。

這麼說起來，其實我記得很多「小」時候的「事」，卻

一直影響著我到長大以後。

記得有一次，因為我想要跟姐姐和她的同學出去玩，我姐打從心底根本不想帶我去，但阿嬤就說：「可以啊，把妳妹也帶去！」我想很多當姐姐的應該都有過這種經驗，因為無法反抗阿嬤，我姐只好等著穿鞋穿得慢吞吞、拎著邊哭邊臭臉的我上街。

接下來的事情，我真的是耿耿於懷了好多年。「妳只可以跟在我後面，不准跟上來！」我姐竟然這樣說！老實說，我非常難過，就連長大之後，我們姐妹出去逛街或者談心的次數，也沒有她和她的姊妹淘多，甚至平常我們也不太會聯絡。

那時候的我，真的很羨慕朋友們的姐妹感情，因為小時候我姐的一個動作，我總覺得姐姐不喜歡我，我還是覺得我是外面撿來的，不如她的朋友。

而跟我哥更不用說了，我哥因為要考個好學校，上國中就開始補習，補習班下課是晚上十點多了，他回到家我們幾

乎都已經睡了；高中時，哥哥就沒有住在阿嬤家，搬去跟媽媽住了幾年；成年後，就和我現在的大嫂交往到現在，你知道的，兒子長大是女朋友的，哥哥當然也不例外。

我哥就像一個浪子一般，我打電話給他，他也只會說：「幹嘛啦，沒空。」不像別人的哥哥，那麼愛自己的妹妹。我是這麼覺得的，我這哥哥有跟沒有好像沒有什麼兩樣（白眼）。

這樣的關係，也就養成了我發生什麼事情都不會回家請求支援，我從來沒有跟我哥講過心事，也從沒有跟我姐坦承自己的內心。

說真的，過去對於哥哥姐姐不理我的這件事情，其實我的抱怨不曾少過，這兩個傢伙只有因為我把爸媽氣到快發瘋，然後波及他們倆的時候，才會接到他們的電話，電話內容大概是：「妳又怎樣啦！不要再跟他們吵架了！」「每次都要弄到我們，妳很煩欸！」嘟嘟嘟……然後電話就掛了。

雖然幾通這樣的電話和不曾少過的不滿足，我還是清楚

知道，我是非常愛他們的，或許就像他們愛我一樣，只是我們都不知道怎麼讓彼此知道。

有次，一年一度家庭旅遊，在這天，大家再忙都會撥空出席。在飯店的時候，我睡在我姐旁邊，那時候情緒狀況相當不好，因為不願承認自己需要吃藥，一看見藥就崩潰，崩潰自己怎麼能讓自己變成這樣，我哭到又是撞牆碰門，又是撲倒在地，媽媽在隔壁房間聽見，在外頭快速敲著門：「妹妹怎麼了！是媽媽！妳開門！妳開門！媽媽在這邊！」

同時，我姐抱著激動又失神的我說：「沒事！好了沒事！姐姐在！沒事！好了！」她摸著我的頭，不斷安撫著我。

隔天，旅遊結束，遊覽車靠站了，但我削瘦的心並沒有平穩，那個瘦到只剩下 45 公斤的我，風一吹，身體一斜，突然間地，我失控了。

極度崩潰的哭、歇斯底里的喊，我媽得在大馬路旁抓著我，就在我差點要哭暈在地上的時候，身後有個人靠上，一雙大手環抱住我跟媽媽，我看不見身後是誰，但我聽見哥哥的聲音……

「妳不要這樣⋯⋯哥哥看妳這樣真的很難過！」那個聲音哽咽著。

我哥抱著我哭了⋯⋯
那年我 22 歲，這是我跟我哥 22 年來最近的距離，不是因為他環抱著我跟媽媽，而是他用他的臂膀，用我從沒見過的眼淚，告訴我跟媽媽：他，會保護我們。

媽媽看見胸前身後的心頭肉，再勇敢的她，也依然哭成了淚人兒。
「你看！怎麼能一次傷害我兩個孩子！」她哭著說。

我醒了。我怎麼能一次傷害這麼多愛我的人，我怎麼能把我自己搞成這樣？

伴隨著藥物的治療、心理諮商、運動、閱讀⋯⋯走了一段很長遠很長遠的路，憂心纏身的那些日子，我想可能因為自己痛到極致了，終於願意掏空了自己心裡頭的空間，用以噸計算的眼淚替自己清澈了視線。

我很愛我的家人，這是我非常確定也非常清楚的一件事情，在我讓自己不要沉浮的時候，我看見了他們總在掏空自己，試著填補我心裡的裂縫，大家對我伸出的援手，上頭都寫著「加油振作，我們等妳，妳可以的！」

　　若我不努力讓自己盡快上岸，可能還沒等到我清醒，他們就已經先將自己掏盡了；而也或許等到哪天，我的視線終於透明，看見的卻只有後悔和無解，因為他們的期待已然遠去。

　　現在已站在岸邊的我，很感謝他們分愛給我，更感動他們一直無畏讓我成為他們的責任。我不能讓自己和自己愛的人不幸福，不能讓大家承受我的憂心情緒，我要集結大家的力量更強壯，我要好起來、我一定要好起來。

　　因為這次，換我保護你們。
　　我得用我的穩定，保護你們各自能自由輕鬆地生活。

得來不易的日本留學夢

：

你必須負責你所有的選擇，
而負責的機會是要自己去爭取的。

其實 3 年前，我就曾去過一趟日本，為了相同的目標，
但是因為自己的鬆懈與不懂事，讓人生第一次的留學失敗收
場，在日本的那個晚上，我掙扎了一整個晚上，選擇放棄自
己的目標回到台灣。

回到台灣之後，我沒有一天不抱著遺憾入睡，每天都能

夠聽見自己在心裡哭喊著要回日本，而每每說起自己曾在那頭生活過，卻讀不出任何記憶。一張機票的背後，只寫下一場空與自己的不珍惜。

就在我持續後悔的某一天中，得知了日本第一送行者學校的木村光希老師要來台灣表演納棺，而這次，我知道我非抓住機會不可！

還記得那天剛跑完一個新書宣傳活動，我趕到木村老師表演的現場，用著我的厚臉皮和超級破爛的日文，詢問老師能不能給我一個面試機會。

「我真的很想要去送行者學院學習。」我說。

「明天下午五點到六點，有一個小時的時間我們會在某某地停留。」老師沒有思考太久，就這麼回答了。

「好！我一定會到。」

雖然只得到一個小時的面試時間，但為了這個自己想要的學習旅程，我沒有任何想要討價還價或跟老師再商量的想法，即使當時的自己因為新書宣傳，行程毫無縫隙，但我仍排除萬難，去為自己追尋一個機會，一個重新選擇的機會，

即便只用一個單字、一句日文，也一定要付出行動。因為我知道，錯過這次，我會後悔一生。

第一次的面試在台灣，我用著鬼打牆的破爛日文，只差沒有跪下拜託老師讓我入學。終於，這次面試在翻譯老師的陪同之下很順利地結束了；但，當然沒有那麼輕鬆的事情，還有著第二次的面試。第二次面試我準備好一切，飛到日本，和所有老師面對面。

我記得，當日本老師正在發表要不要讓我入學，我完全聽不懂，只能捏著手，等待翻譯。

「學校老師的意思是說，既然真的有心想要入學學習，學校老師是決定給妳一個機會的，但妳必須自己申請語言學校跟簽證。另外因為語言和文化的關係，妳會念得比較辛苦，學校考慮要不要替妳安排一個比較特別的課程……」

聽到這裡，我不小心沒有禮貌地搖手插話了，我帶著一點感動和激烈的動作：
「不用！不用！不用為我改變學校的規矩！讓我跟他們

從一樣的地方開始。另外，簽證跟語言學校的部分我可以自己解決。」

說真的，我想，這是我這趟旅程不管出國前後，都可以如此咬牙撐過的關鍵吧！因為這是我必須負起的第一個「擇」任。

在獲取日本納棺學院入學許可的通知書那天下午，我帶著喜悅，打電話給當初的留學代辦，滿心期待像第一次一樣順利取得留學簽證，但因為上一次念到一半選擇中途回國，代辦直接放棄我了。
「妳這樣的記錄，很少學校願意收妳，日本管理局也很難發證給妳。」

我以為我已經很努力了……但原來，當時自己的放棄不是只影響到當下的結果，連同下一個順利的開始也早被宣判出局！

我腦子裡沒有半個畫面，只有滿滿的後悔跟欲哭無淚……用只差沒有跪下的態度，終於取得了入學資格，我努

力了這麼久的夢就在眼前、就捧在手上，卻馬上出現了留學簽證可能辦不下來的難關。

得知的那天我正在台灣上著禮儀師的課程，但因為這樣的困難，我邊上課邊哭，哭到課本到底在寫什麼都看不清楚……但意外的是，這天上課流下的眼淚，我認識了「她」。

因為邊上課邊偷哭，所以我低頭滑著手機，滑著臉書，隨手點進了一位陌生讀者的臉書，眼淚模糊的視線突然清晰，我看見這位讀者的個人簡歷上寫著這樣的文字——「abk 日本語學校老師，任職於……」

當我正打開小視窗要傳訊息給她的同時，先看見了她曾傳給我的文字，她說：
「伊妃您好，我很佩服您的勇氣，加油。」

應該是被眼淚逼急了吧，也不知道哪裡來的勇氣，我直接開口對一個陌生人說出自己遇到的狀況。
「請問，您是 abk 日本語學校的老師嗎？因為我之前半途而廢的關係，現在很多學校都不願意接受我的入學，但是

我必須完成我的受訓。」

不知道是哪裡來的緣分，從哪出現的一臂之力，這位維維老師，她只回答了我一句：「妳放心，妳這麼努力，我們一定會幫助妳成功領取這次的簽證！」

當天晚上，維維老師馬上傳了辦理語言學校的資料給我填寫，跟我講了好多好多的注意事項。本來，維維老師的學校也不願意收我，擔心萬一我的簽證不過，學校就會有開辦學校以來第一次的拒簽紀錄，但維維老師不光是幫我寫理由書、製作給入境管理局的資料，還當我的保證人，幫我跟學校掛保證！

在送件之後，要知道結果需要等三個月，維維老師還得不斷接收我的焦慮，我每天都在問：「老師，真的會過嗎？沒有消息就是好消息對不對？」她總是要接受我三天一問、五天八問的瘋狂。

我每天都在調整自己心情，不斷告訴自己：就算簽證沒有過，那我要用另外一種方式到日本學習……一直幫自己想

跟過去和解

著不同的出路，但還是無法掩飾自己的慌張。

時間一天一天接近了，我每天等待著消息，日本4月開學，簽證要到3月初才會公布。終於，這天我等到了維維老師的電話：

「妃啊！老師跟妳說……」維維老師用著一貫冷靜的語調。

天啊，我覺得大概是壞消息吧！

「嗯……」我顫著抖、冒著汗回應，因為我認為我的全世界都在這了……

「我們幫妳順利申請到簽證了！」

天啊天啊天啊天啊，當時在家，我在媽媽面前半秒掉淚，就連現在想起，我也無法掩飾自己的情緒！我除了感謝，還是感謝！感謝緣分，感謝這位維維老師，感謝我的家人，感謝學校！因為我知道，這個機會是多麼難得，多麼不可思議！

我更謝謝這個世界願意給我這個負責任的機會。

跟過去和解

若你問起我最感謝什麼？我想比起這些恩典，我更加感謝我的不懂事，還有我的「心」朋友，「它」教會我低頭、教我認錯、教我承擔。

而這位「心」朋友的名字，就叫作「懺悔」。

那天，我在課堂上流下的眼淚，讓我想起憂鬱症那年，心理醫生給我的第一個功課，就是請我去懺悔。有一句話是這麼說的：「心態對了，人就合了，事就順了。」

我深深相信，若你真心想面對一個錯誤，不要抱怨這個開始有多不順利，動手找資訊，開口尋機會，然後用你的決心去推翻遺憾！這個世界眼睛這麼大、而且心這麼寬，不要擔心機會不出現在眼前，因為這個機會是你自己爭取來的！

小時候，我們連道歉負責的機會都是由外輕易得到的，媽媽叫我們跟兄弟姐妹道歉，老師叫我們跟同學 say sorry，主管叫我們跟同事說對不起。長大了，我發現，原來要自己取得負責任的機會，原來是這麼不容易。

這些日子也讓我真真實實地學習到，在你做每個選擇之前，你要很認真的問自己：

「你會後悔嗎？」

「可以接受這個結果嗎？」

而答案只有兩個選項——「不做我會後悔」和「做了，但我不能承擔」。若在做每一件事情，都能仔細思考過這個問題，我想這是對每一段人生最重要的負責。

當你在為一件事情努力的時候，你知道你到底在爭取什麼機會嗎？我想對我來說，那叫作「成長」的機會。

送行者學校

Chapter Two

"

我巧遇了更好的自己，
在老師對殯葬的決心裡頭。
我知道了不論是面對生，還是接受死，
都得一生懸命。

"

絕不帶上飛機的行李

:

從一開始我就讓自己沒有退路，
想把自己逼到離目標最近的一步，
到時擁有的就不是讓我畏懼不前的放棄，
而是在前方等著我的勝利。

　　要從台灣飛來日本的那天早上，行囊都打包好之後，我
緊緊抱了一下我的三隻狗，然後刻意忽視已經躲在廁所哭的
阿姨，我拉著行李站在門口，催促著要送我到機場的娘親。

　　她邊拉上鞋子拉鍊，蹲坐在地板上說：

　　「妹妹，我覺得我等下可能會哭欸……」

　　「妳神經病喔～又不是沒有出過國～」我故作輕鬆。

「之前都看準妳一下就會跑回來了，可是這次不一樣啊，覺得好像真的有這麼一回事。」她終於把鞋穿好了，站在大門前準備鎖門。

　　「等一下！先不要鎖！」我從包包裡拿出家裡鑰匙，「咻」地一個拋物線，就往屋裡最裡頭扔。

　　「那什麼東西？」我媽問。

　　「不重要，那個不用帶。」

　　我以前常常在出門前往沙發扔一些突然發現不用帶的東西，所以我媽也沒有繼續追問。但她可能不知道，我這「咻」地一個往屋裡扔的是──退路！

　　我拉著行李箱，在我媽身後看著她鎖上門，我深呼吸一口氣告訴自己：「行李箱裡頭裝滿了我的決心信心挑戰和無懼，飛越了 2163 公里，許伊妃妳沒有退路！接下來的旅程沒有中途回程這個選項！所以，不要想著受委屈就能回家，不要想著中途放棄就能回家，不要想著疲累就能回家，因為時間不會等妳一分一秒！」

　　落地日本之後，因為要辦理很多的手續，在留卡、學生

證、住民票、健保卡，而且語言學校和送行者學校的入學典禮還很碰巧在同一天，因為忙碌還有很多瑣碎的事情，加上一開始對日本受訓的期待和衝勁，「想家」這件事情自然沒有這麼強烈。

為了維持自己在日本的生活，我來到日本就開始打兩份工，一天的睡眠時間大概是四個小時，從早上七點到凌晨一點，我幾乎沒有停止動腦跟忙碌！早上去語言學校，下午在拉麵店打工（而且要打起十二萬分的注意力，不能出差錯），晚上納棺師課程，又是一個要搬動遺體模型，然後長時間跪坐的課程。那陣子連打電話給家人的時間都沒有，但與其說沒有時間，應該可以說我不敢打，因為⋯⋯我一聽到他們聲音我會想家，我一定會哭⋯⋯

一個週五晚上，日本的上班族總是會在週末晚上小酌，所以這天打工的拉麵店非常忙，但是店裡只有我跟前輩兩個人，我素顏、穿著沾滿豬油的圍裙、戴著打掃阿姨的紅頭巾在廚房洗著碗，客人不斷進來，我得快速清理這個窄小的洗碗區，然後迅速擦乾手再接著送餐，接著馬上收桌、又接著繼續幫客人點餐⋯⋯就算被碗盤劃破手流血，也只能深吸一

口氣，眉頭也只能夠皺那麼一下，因為沒有人會可憐你、也沒有人能夠幫你，在這裡，你只有自己。

上班都是一直站著的，而晚上在送行者學校受訓的三個小時中，則幾乎都是跪著在練習。這天下了課真的很累很累……可能因為累到一個極限了，拖著累癱的身體、握著受傷的手，撥了電話給爸爸。

「嘟……」電話接通了，在爸爸還沒有開口說話之前，我搶先說：「爸爸～謝謝你從小到大這麼愛我，讓我根本沒有吃過什麼苦……」
爸爸用嘴角略帶微笑的聲音，用台語回應著：「真的吼，我就知道這段旅程對妳會有很大的幫助。」

開始跟爸爸分享這個月剛到這邊發生的事情，爸爸鼓勵我了一番之後，這才問起我：「阿哩，現在在哪裡打工？」
其實身上背負這麼多期待和重擔的自己，真的很難開口說，我花了一百萬來日本，卻在拉麵店打工，當洗碗小妹……
我看著今天手上被劃破的傷口，支支吾吾地說：「我……我現在在拉麵店打工……」

心裡擔心著爸爸會不會回應我：蛤～妳在拉麵店打工！不是去考禮儀師嗎？

結果，爸爸的回應讓我快要淚奔，我永遠記得話筒那頭的爸爸大笑著說：

「哈哈哈，那不錯不錯！以後回來開一間拉麵店哈哈哈哈哈……反正妳也不一定要繼續做這個啊（殯葬業），回來整個人都更成長，想要做別的也都可以呀！」

在別人耳裡聽起來只是簡單的幾句話，但是我聽見的是一個父親對女兒的不離不棄！爸爸的一言一語掩藏不住他的感動，像一個盼到女兒成熟長大的老父親，在心裡藏了一句「終於啊……」

其實，此時此刻電話這頭的我，不只傷口不痛了，也哭到說不出話了。

我真的很幸運、很幸福，小時候因為媽媽做餐廳的經理，後來又開餐廳，就算我去打工，也根本吃不到苦，因為打破杯子沒人敢扣錢，他們會說「因為妳是經理的女兒」；送錯餐沒人敢罵我，因為是老闆的親戚；清潔不乾淨沒人會叫我

重做，因為我身上好像掛著一個牌子，上面寫著「我吃不了苦」。

而待在殯葬業這將近 10 年，也彷彿有一張幸運保身符，帶著這個幸運，我避開了很多風浪，我的文字被大家看見，被你們注意——許伊妃也因此誕生。當然我也很認真的思考過，我是如何捕獲「幸運」的，嗯，也的確是我一直以來努力滑著划槳，乘風破浪、絕不掉頭的收穫。

很多人不敢相信許伊妃在她書賣最好、名氣最旺的時候消失了，送行者許伊妃在日本拉麵店打工？真的假的？但我不斷提醒自己這一句話——
「在台灣妳是許伊妃，跨出那道門，妳誰啊？」

謝謝現在能擁有的一切，讓我能夠體驗過去沒有感受過的！**我用和面對生死一樣的態度去體驗更簡單的事**，我從來沒有想過自己可以洗碗洗得那麼開心，更沒有想過自己可以叫賣叫得這麼興奮。

如果短時間的吃苦，能夠換一輩子的廣角視野，那就不

要去害怕變成任何樣子。因為你想要的風景，在目標終點，一定看得見。

回家，就是那個我不行帶上飛機的行李。

從一開始我就要讓自己沒有退路，在最後把自己逼到離目標最近的一步，這個時候擁有的，就不是讓我畏懼不前的放棄，而是在前方等著我的勝利。因為我不要哭著偷跑回去，等著人來安慰我，而是讓我最愛的你們盼著我回家，讓我告訴你們，我帶著成果回來了。

要做自己生命中的強者，不要當生活裡的逃兵，**沒有退路時，你走的每一個下一步，都是出路**。自己選擇的路，就算滿地玻璃碎石頭，含著眼淚哭到聲嘶力竭，你也得爬到終點！

我的第一堂課

：

真正讓我見到日本與世界層次不同的地方是：禮儀。
如同傳聞中的，日本人有禮貌到一個超過！
但當這個禮儀、禮貌被放在納棺師的養成裡時，
它的存在意義，便出現更深刻的體悟。

　　從我們的第一堂課說起，不論是哪一年的課表，入學式後的第一堂課就是「マナー（Manner 禮儀）」。

　　剛開始，我的日文程度非常普通，但第一堂課給我挺大的信心，因為不需要開口，肢體語言就給了我第一把鑰匙，走進納棺這個身心靈皆備的領域。

課程開始，從全班起立之後的站姿，再到鞠躬的角度，然後抬起頭的時間點和視線，光是這幾個簡單的動作，就安排了將近一個小時的練習時間。因為才開學第一天，同學們彼此都不熟，每個人真的都一表正經地專心看著眼前老師的指導。當下我還真的有點害怕了，心想：

「不會吧！傳說中日本人一板一眼，該不會以後每天上課都是這個氣氛吧……」

第一階段的課程結束之後，老師請大家收起講義和紙筆，然後轉過身和旁邊的同學面對面成一組。和我搭配的同學是「中山さん」。

「好的，現在請面對面向對方自我介紹。」老師一臉平常地開始計時兩分鐘。

我很小心地想遵守日本人的禮儀，但又必須擠出我所有說得出口的日文，然後為了想讓中山同學更容易了解，還搭配了一些破英文和肢體語言：

「あの、許と申しますよろしくお願いします。台湾から参りました、16歳から台湾で葬儀に関する仕事をしてい

ます……（那個、我姓許，我來自台灣，16歲開始接觸葬儀……）」

中山同學問：「為什麼許さん會想要漂洋過海到日本學習納棺？」

「我想要讓自己變得更好，然後那個，世界，葬儀文化，然後努力演講，然後大家知道，然後值得……」我用了幾句連我自己都要聽不懂的日文試著告訴他。他聽起來的意思大概就是這個混亂的樣子。

我講完之後自己傻眼，但是中山さん從頭到尾都對我點頭，然後一直說「すごい！（好厲害！）」

總之，我的部分介紹完了，心想：應該可以算過了吧？反正就說話嘛……接著換中山向我自我介紹。

慘了，他和我說了一長串中文，大概100分的自我介紹，我聽到的只有18分。過程中我把聽不懂的片語重覆一遍，然後露出疑惑的眼神，中山さん很耐心地用各種肢體語言或

者英文、甚至翻譯來讓我聽懂；雖然我依然沒理解太多，但當老師說出：「時間だ（時間到了）。」我倒是清清楚楚明明白白⋯⋯

我鬆了一口氣，總算結束這一回合。沒想到接下來才是重點。

「現在請你們照著座位順序上台，向大家做介紹。」老師微笑。

我心想：還好我算很後面，趕快谷歌日文，趕快寫下來應該來得及！我可以的！慌慌張張拿著手機的我，在下一秒便措手不及地張大嘴巴，愣住了⋯⋯

因為老師接著說：「但不是介紹你自己，而是介紹剛剛你聽見對方的介紹，用你的詮釋，去介紹你聽到的對方。」

聽到老師這麼說，心裡不免難過，一方面是挫折感湧上，另一部分是擔心中山さん要上台介紹我這個連話都說不好的搭檔，心中滿滿的不好意思⋯⋯

輪到我們兩個，中山さん和我站在白板前面對大家，中山さん開口：

「許さん她一個人從台灣來，在台灣也是做殯葬相關行業，因為她想要透過自己的學習，讓自己和以後遇見她的人都可以感到幸運，然後也希望把自己的所學帶給大家，她之後想要在亞洲和世界各個地方演講，讓大家更理解這個文化。她真的很厲害，這就是許さん！」

中山さん說完之後，轉頭看向我，但在一旁的我哭了……因為中山さん竟然能透過我那拼湊得零零散散的日文詞句，把我想表達但說不完整的想法呈現得那麼清晰。

雖然我日文表達得不太完整，但中山さん仍然從我昂首抬頭的自信中，看見我胸前抓著夢想跟抱負。其實這些一舉一動和任何小動作、態度，都成了一小片一小片的拼圖，而這些微小的碎片，也湊成一道熱情，希望對方能夠理解的熱情。

這一刻，我明白了這堂課和這個活動的意義。回想起來，我以前也是像這樣子在和我的家屬對話。每當很多人問我：
「妃，妳怎麼有這樣的技術掌握家屬的情緒？」
「為什麼有些人就是無法做到這樣？」

「妃妃可以教我怎麼與家屬建立療癒的對話嗎？」

說真的，當下我不知道該怎麼回答他們，因為我從沒有思考過這個問題。但經過這堂課，我的角色由療癒他人，成了被療癒的對象。我很幸運遇上了中山先生，成了我的鏡像，讓我知道——原來一直以來，我所掌握的是觀察和態度。中山先生觀察出我積極想被理解的眼神，講到任何關鍵字發亮的眼睛，這些都足以表示我熱血的態度。

搜集了對方身上、臉上、嘴裡的所有拼圖碎塊後，他開口就能直擊我心。我不只佩服中山同學，也更肯定了一直以來的自己。

有些課程，不是學習對方，而是肯定自己。我更清楚，自己若要成為日本的納棺師，接下來的我得更努力讓自己聽得懂他們說的話！在台灣或許我可以像過去一樣很輕鬆地聆聽家屬，但連在自己習慣的環境，都不敢保證能做到最好，更何況是踏上了另一片天空，嘴裡吐著あいうえお。

在這個日本納棺師的養成第一天，不只看見了日本人對

於人才的訓練，觀念的培養、引導式的教育，讓我更加感到自己何其幸運可以入學。我也知道，中山さん肯定會成為一個能傾聽他人、療癒他人的超級納棺師！

觀察、聆聽、理解──這就是我的工作之道。

送行者學校

071

不一樣的不是做法，
而是想法

：

每個硬到不行的規矩背後，
都有讓我覺得不可思議的故事，
更讓我佩服也見識了日本的葬儀文化。

　　一開始因為語言不通的關係，只是很單純想要了解告別式的流程，讓自己在作業上可以順利進入狀況，所以上課瘋狂抄筆記，回家也看了很多書籍。但是每次在上完課或者看完書之後，我只有一個「へえ～なるほど（天啊！原來如此）！」表達敬佩的讚嘆。

即使日本常常讓人說成是個有禮無體的國家，但我真的必須說，就算我想要評論他們太假掰了，我也為他們的假掰感到佩服。大家都知道，其實我是一個很外向的女孩子，但是面對殯葬工作，我自認已經比很多人都還來得小心謹慎，對家屬的用心程度更是不用說；但來到日本，我卻像是一隻脫韁小馬亂跑到別人的槽，接受了這個馬槽主人對我的訓練。

你知道嗎？如果問我在日本學到最多的是什麼，我可以很肯定地回答，真的是——「禮貌」。

在這裡，我們花了很多時間練習如何完整、正確地替亡者穿上白裝束。白裝束，簡單一點解釋的話就是日本佛式的壽衣。練習許久之後，才終於到了第一次模擬納棺師到家屬家的所有流程，從到喪家門口按電鈴開始，一開門先鞠躬，告知來由：

「失礼します、ご納棺に伺いました（不好意思打擾了，我們來準備納棺的儀式）。」

然後，我一手提著化妝箱，一手抱著亡者的白裝束，等

家屬開門之後，你才能夠詢問家屬是否能暫時把手上的東西放下：

「こちらに荷物を置かせていただいてもよろしいでしょうか（請問可以允許我把手上的物品放在這裡嗎）？」用了日文的最敬語，問了一個最簡單的問題；接著，轉身跪下關門，還要注意關門不能發出聲音。

一進到家屬家，第一件事情就是下跪行禮，但第一個行禮的對象不是亡者，而是家屬。日本的禮，用鞠躬的角度區分成「真、行、草」這三種（分別表示釋出的禮數程度），而我們對家屬行的禮是最敬禮：正座，兩手指尖相併成一個三角形，放在膝前十公分左右的位置、頭低在離地十五公分的地方，然後對家屬說一句問候語：「この度はご愁傷様でございます……」

這句是表示：我們知道你辛苦了。在日本，在喪禮上多餘的話不需要說，只要說這句就很足夠了。

接下來是取得家屬的同意，請家屬讓我們跟亡者拈香，但是，本來供桌前方的坐墊，我們是不可以坐的，我們要把坐墊推往右邊，跪在地上，拈完香再把坐墊移回來。

還沒有結束喔，我們在榻榻米上走路時，還要切記，不能走上那個交接的縫隙⋯⋯

你們可以想像吧？就是如此吹毛求疵的畫面。但我真的不是一開始就順利、就習慣的，我第一次進行模擬時，鞋子是脫反的，東西是放在地上等開門的，門是站著關的，禮更是完全不正確的！我甚至問過自己：「天啊，有必要做成這樣嗎？他們到底在想什麼？」

沒想到一問這句，我就找到答案了——
他、們、到、底、在、想、什、麼？

老師在講解這些禮儀的過程中，提上了無數次的家屬、家屬、家屬、家屬⋯⋯我瞬間懂了，羞愧了，也感動了！靠近了日本葬儀之後，讓我更確定自己堅持的沒有錯，喪禮的主角是家屬！是家屬！是家屬！

即使飛越了 2163 多公里，你也能在不一樣的地方與自己相同理念的人結識，並且能夠用不同的言語動作，接收彼此一樣的初心。

我的日本同學後來在結業式時寫了一句話給我——「或許我們的語言不相通，但是對家屬的心卻是一樣的！」讓我一把鼻涕一把眼淚的，不知道怎麼停止……

　　不一樣的做法背後，可能有著相同的想法；但不一樣的心態，絕對只會造出相違的結果。我想這很值得探討，更值得我繼續提升和檢討，謝謝你們給我的機會，賦予我的責任與肯定，謝謝台灣殯葬給我的考驗，日本生命禮儀給我的訓練。

　　原來，我跟你們沒有不一樣。

從安寧到終活

:

「明天和意外，哪個先來沒有人會知道。」
這句話我總掛在嘴邊。

這天，「醫學概論」的老師給我們看了一段紀錄短片，
雖然課程叫作「醫學概論」，但其實是對日本的安寧醫療和
文化做討論。影片的內容是一位看護師和在家醫療的家庭
200 天記錄。故事的主角是臨終的老人，還有一個有著視障
的女兒由老人自己選擇的醫療團隊。

影片中，有我不陌生的臨終症狀和學習過的醫療照護，

在觀看的過程中本來覺得：「和自己以前面對到的沒有什麼
不一樣啊……」但看到影片的最後，我才發現，什麼叫真正
的「隨侍在側」。

在我邊感動邊哭的同時，滿滿的感嘆湧上心頭，我想起
了當初在台灣時，總是能看見由廠商印刷的公版訃聞上面寫
著「隨侍在側」，無論離世的時刻是誰在身邊，是外勞、是
護士還是鄉鎮里長……訃聞上面都一貫這麼寫著。

這個「隨侍在側」對家人來說有多諷刺呢？我甚至想，
如果在離世時，隨侍在側的能是自己愛的人，在這個社會中
似乎是多麼奢侈的一件事情。

其中讓我印象深刻的片段：爺爺直到嚥氣前的最後一餐，
都是這個看不見的女兒準備的，躺在床上無法自由走動的爺
爺，即使已經無法嚥下太多的食物，卻是自己動起筷子吃飯，
緩緩地吃了兩條麵條後，說了一句：
「我吃飽了，可以收了。」
「爸爸，好吃嗎？」女兒問。
「好吃，妳這丫頭煮的都好吃。」他笑咪咪地回。

從這個短短的對話中，我感覺到滿滿的愛與互動，相信患有視障的女兒煮不出什麼真正精緻的餐食，我也非常肯定年邁的爸爸吃不出什麼特別的味道，但這就是「無私、無我、無所有」的照顧吧。雖然女兒眼睛看不見，但在準備爸爸的餐食之前，也能夠把自己照顧好，而爸爸也是一直到最後一刻都選擇自己動手吃飯。

　　不久，居家照護醫生接到了電話。爺爺離世的這一天終究到來。

　　準備寫下死亡證明時間的醫生這樣問：「最後是女兒發現的嗎？」

　　女兒微笑點頭回答：「嗯，是的。」

　　「那老先生真的很幸福！」

　　「我摸了我的手錶，顯示是 11：40。」

　　「好，那死亡時間就照妳說的寫上去。」

　　女兒笑著點點頭，露出無法掩飾的幸福感。

　　這段看起來沒有什麼重點的對話，卻是一個醫生給家屬

最大的力量。這些歲月，父女的一切真的就如同生命共同體，而這個 11：40，是父女倆最後的連結……將佔據只能繼續往前走的女兒後半輩子人生的時間連結點！

我們全班掉著眼淚撐著鼻涕才上完這堂課。

下課後，我重新用了不同角度看了這段故事，我在想，為什麼爺爺能夠讓我們覺得幸福？而不是臥病痛苦？為什麼女兒可以一滴眼淚都沒有落下，笑著牽著爸爸的手道別？這對父女究竟哪裡和別人不一樣？我把自己放在和大部分臨終者一樣的生命末端，閉上眼，試著體會。

我在內心得到了這樣的回應──因為爺爺沒有喪失「自我價值感」。

什麼是喪失自我價值感？說直接一點，就是常常在新聞上看見的，久病者留下的遺書上頭寫著這樣的字句：「不想造成家人的負擔和困擾……」那些病人自己拔管的案例，都是因為喪失了自我價值感，覺得自己成為一個毫無能力的廢人。

我又想，人什麼時候會覺得自己無能？答案真的很簡單，就是——

不能替自己決定任何事情。

沒辦法做自己想要做的選擇或安排。

每一件自己沒想過的事情都會變成困擾。

以前我還以為安寧就是不接受殘忍治療，只能套用在罹病者身上，讓病患舒服離世等等的解釋；但對於現在的我來說，因為了解日本的「終活」，我發現其實一個好的人生結尾，並不是單單只有死的樣貌好看，或者在家過世就叫尊嚴、善終。

「安寧」如果只以字面上的意思說明，我的解讀就是「不混亂」。

你們可以試著想像，一個高齡 90 歲的老爺爺被送往醫院，家屬堅持要搶救，爺爺的身心靈被混亂的急診室搞得不得安寧，更被電擊壓斷了肋骨，在皮膚上烙印出圓圓的燙痕……

每個人都想要自己愛的人能夠多活一些時間，即使只有多一秒鐘！在需要決定救不救的關鍵時刻，如果沒有當事人的意願方向，這個人生結局的現場，的確會變得非常混雜。說到這裡也忍不住題外話一番，在醫院工作的那些日子，看過很多已經在家斷氣的老人家，因為醫療規定要搶救三十分鐘的樣貌，坦白說，看了真的很心疼。如果問我，要怎麼避免這種狀況？我只能說，**死亡這種時刻絕對無法「避免」，但是能夠「準備」，準備一個很平和的生命終點。**

　　能夠不混亂地準備自己的生命結尾，就是一個好的「終活」。

　　「終活」是一項為自己安排人生結尾的活動。如果用台灣的口吻解釋，就是準備自己的喪事，但，我想大家可能都誤會了一件事情：人生故事的結局不是只在斷氣前的那些臨終過程，或者兒女怎麼籌備安排你的身後事；而是你如何看待生命和面對死亡，怎麼導演你的生命終點，怎麼為自己愛的人刪去一些拖戲的劇本，怎麼替你的人生做最後的調整。

　　當然，重新參透安寧和終活，除了找到了不同之處，我

也發現了答案——

醫療團隊是爸爸自己選擇的，生活方式是爸爸決定的，甚至爸爸知道自己的女兒是全盲，也把所有的後續安排規劃好，早早就交代給其他親戚鄰居，讓女兒在自己離開後也能安寧。一直到最後一刻，我們一點也感覺不出他的失能，因為他能夠替自己決定好多事情，他的人生句點，真真實實是自己親手畫上的！

那為什麼女兒能夠笑著接受？我想，答案也不難找，只需要用一句話就可以貫穿——「愛他，就是尊重他的選擇」。

我在上一本書裡有寫過「安寧不是等死，是尊重他的選擇」；以前只認識安寧的我，以為接受安寧的是患者本身，但現在我發現其實「安寧」應該這麼解釋：替自己的「終點生活」做選擇、安排、決定，也能夠換到你最愛的家人往後人生的「安心和寧靜」。

66

「我愛你，就像你愛我一樣。」

這句話足以貫穿照護者和父母之間的全部，也是我和父母親經常互相道愛的字句。

「任何人都能夠牽著你的手，但接下來的路，每個人都得自己走。」

這是我從生命盡頭看見的人生樣貌，漫漫的人生，飛速的生命，也無非於此……

"

老師最後請我們寫下上完這堂課的感想，我寫下了這五個字──「緣殮殯葬續」，這是腦裡、心裡、眼裡、手裡、嘴裡的生命禮儀。「緣」和「續」都帶著糸字邊，那是一條很珍貴、很珍貴的絲線，牽起人生中的每一刻，更串連生命中的始終。

正視、面對、準備「自己」的死亡，為「自己」預約一個美好尊嚴的善終，跟「自己」談死亡沒那麼難，讓想為死亡做準備的自己知道，那一步究竟該如何出發，讓自己可以事前了解，「下一秒」之後可能會發生的事。

當然，這樣的過程和選擇的確是一件結局很美但卻很艱難、很需要勇氣的事情，也是我總在提起的：「你怎麼看待生命，怎麼面對死亡？」不管是自己，還是你愛的每一個人。

　　你說，安寧和終活有多重要？

送行者學校

他們幾個

：

很多人看我出國念書好像很多彩多姿，
但其實也有發生過很多不平等待遇，
只是我不會花太多時間記錄，
因為它不需待在我的情緒裡頭太久。

　　其實我相信不用我說，大家都知道日本是一個很排外的
國家，這是在我選擇來日本留學受訓前就知道的，我也做好
相當程度的心理準備，但我沒有想到真的碰到的時候，還是
讓我從心底湧起滿滿的無助跟無數的莫名其妙……

　　學校為了跟進學習進度，所以每個月有一對一的對談，
詢問你的學習狀況或者對於課程的建議或者想法，所以會請

學生提早到學校對談。這天，雖然不是我的時間，但是我們幾個同學約好，要提早到學校練習替亡者穿衣服，練習到一半，門外那頭正在對談的老師和學生們正在討論著：

「我們覺得老師教得有點快了，所以……」

「對啊，這樣子我們練習時間不夠……」

當然，諸如此類的意見每個人都有資格發表，但接著卻聽到這個同學說：

「還有許さん上課的時候，說的話我們很難聽懂她的意思耶！」

「對啊，可能還會影響我們上課的進度。」

剛開始我的日文真的沒有很好，但是至少自己的名字跟那些單字我還是聽得懂的，當時我正低著頭努力練習，結果卻聽見身後的同學在說自己是大家的負擔……

就算做好再多的心理準備，我還是難過了好幾下……但沒辦法，這就是班上唯一外國學生的代價。聽完之後，我就在想，是什麼時候讓大家聽不懂我說話，還耽誤大家時間的？

我想起在開學沒有多久的某個晚上，那天上的課叫作「遺體基本處置」，老師請我們分組討論自己在上課前對遺體處置的想法。我不知道你們懂不懂邊學著日文邊受訓，然後日文一天一天進步到老師說的話你聽得懂的那種心情，尤其是對於當下課題也有想法的時候，我就是那種會勇於舉手嘗試的人，老師也會給舉手的人發言的機會。

　　學校的老師也真的很好，會先給我一個鼓勵的微笑，也耐心地等我一字一句的發表結束，大概清楚我的意思後會幫我重新簡單覆誦一遍，可能就是在這個時候，多花了同學們寶貴的幾分鐘吧！

　　輪到我面談的那天，我略帶生氣委屈地說明事情的經過，但老師只跟我說，因為這兩位同學比較年長，可能帶著比較傳統的日本觀念。說了很多日本人的官方關心用語之後，老師告訴我，如果之後他們有其他的言語暴力，請我一定要反應。

　　這些美美的日文背後，我聽到了「妳要忍耐」這四個字。

　　我用了簡單的兩句話「謝謝你，我明白了」結束了這次

的面談。走出小房間,心裡的小孩子也跟著走上顏面,我露出了一張無法掩飾不開心的臉,滿滿的壞情緒跟歪想法,比如說,以後上課不要講話好了,不要上學好了,日本人怎麼都這樣啊?害我每天上學心情都不好!回台灣好了,考什麼納棺師啊之類的小朋友嘟嘴心情。總之,就是覺得很不快樂。

過沒多久,旁邊的同學上前給我搭了話,他們是日本人,也是這所學校的學生,我看著他們幾個,用了大概一分鐘,再想了一次當天除了自己被嘲笑之外,我沒注意的另外一頭發生了什麼事情?

那天老師分享自己看過的遺體腐敗狀況後，我們這組只有我接觸過遺體，所以我就開始用著我那未成熟的日文對著他們分享，他們幾個瞪大著眼睛，仔細聽著，甚至還做下筆記，回頭問我：

　　「妳剛剛說這個好有趣哦……是什麼意思呢？」

　　中途我停頓下來很擔心的問他們說：「你……們真的……聽得……懂嗎？」

　　他們幾個還邊笑邊抓頭說：「大概猜得出來哈哈哈！」

　　我忍不住失落地嘟嘴，但他們幾個這樣跟我說：

　　「不過不要擔心，妳每天都在進步很厲害的！加油加油！」

　　「放心，我們會教妳的。」

　　「一起加油，不懂的就盡量問我呦！」

　　「有空我們就一起來練習，別擔心。」

　　我用了一分鐘，決定了我不忍耐，也不去理會！因為我發現我差點錯過了身邊這幾張太陽一樣的笑臉。

　　他們幾個不但教會了我很多日常對話，幫我翻譯殯葬專有名詞，遇到我不懂的課程，甚至在我旁邊一字一句的解釋給

我聽，不管是用英文加日文、還是動起身體比手畫腳，都沒有不耐煩。在考試前一週，每天陪我在教室練習一整天，把自己練習的時間讓給我，陪我背跟家屬應對時的對話。

更感動的是，老師抱著我哭著說：「妳真的讓我太感動了，班上的日本人都還沒有背起來，妳一個外國人卻全部背熟了……」老師一說完，我轉過身看著同學們，他們幾個對我露出笑容，伸出大拇指！

他們牽著我的手，一起通過了日文考試、筆記試驗和納棺師檢定，順利往畢業前進！這個過程，太幸福了！因為我擁有「他們幾個」。

在我憤怒注視著那些嘲笑我的人的時候，我的眼裡只殘留了滿滿的怒火和不快樂，但我差點忘了，其實我可以輕輕地轉身，一個不同的視角，卻能讓我的下一步成為對比。

以前我聽說過這麼一句話：「有多少人喜歡你，就會有多少人不喜歡你。」而人生這條大馬路，會有人在背後對你指點，但同時也有一群人在前方對你微笑招手，給你擁抱。

遇見了一個更好的自己

：

如果問我這趟來日本最大的收穫是什麼，
我想我會說，
我遇見了另外一個更好的自己。

　　送行者學校有個課程，叫作「葬儀概論」，聽起來有點枯燥，對吧？但其實這堂課不是大家想得那麼簡單！雖叫做「葬儀概論」，可是老師給我們上的卻是「人生態度」。

　　第一次上葬儀概論的時候，眼前的老師穿得西裝筆挺，戴著眼鏡，用髮膠梳齊的頭髮略略看得見白髮，身材勻稱，

目視大概 40 歲左右，帶著一種非常有磁性的聲音。雖然是位男老師，卻能從他的課程中看見他有著一顆比女人還細的心，我們都稱他「進藤先生」。

第一堂課的時候，講義上的課程大綱大大寫著：
1. この授業の意味（這個課程的意義）
2. 自己紹介（自我介紹）
3. 葬儀とは（什麼是葬儀）
4. 葬儀業界について（關於葬儀業界）

看起來跟一般的課程大綱沒有兩樣，但從第一節課開始，老師用日文說明了：「我不把學生培訓成一個只會處理遺體的納棺士，我希望能夠帶著你們走進家屬心裡。」

這段話，就這樣放在講義的第一頁，不只讓我感動，更讓我相信也確定我來得值得，因為，這個學校的理念跟我的心朝著的是同一個方向。

接著進入到了自我介紹，就是前面提過的那段兩個人一組，互相自我介紹完畢之後，接著上台報告你聽見的對方。

全部的同學介紹完畢之後，進藤先生才開始說明這個自我介紹的意義。

「你們知道為什麼要你們上台報告對方嗎？」老師問。

同學們沒想太多地搖搖頭，還有同學低頭呢喃地說：「不就是自我介紹嗎？」

老師接著這麼說了：

「為什麼要你們上台報告對方的自我介紹內容，是因為你們以後要面對無數的家屬，要傾聽無數家屬的心理，你們要能夠從家屬說的話語中，聆聽說他們沒說，卻需要的。」

我的天啊，我的眼淚都可以用噴的了……我整個從心底發光到頭頂，把老師剛剛說的話反覆在腦袋裡震盪！老師第一堂課就證明了學校的理念，這就是我一直想分享給大家的，但是一直找不到形式說明！

這堂課讓我好像多了一雙翅膀，抓了一把金砂，我感動地默默看著正在講課中的進藤先生，那個感動是說不出一句話，讓我低頭偷哭、發抖做著筆記的程度……

接下來的課程，老師用了很多實際的案子跟我們分享，投影片上沒有任何照片，藍色的背景上只有一整片白色文字。讓我印象深刻的，是一個事先找老師預談的案件，亡者是還在媽媽肚子裡的寶寶，在懷胎七個月的時候，這個寶寶的腦部就停止發育，接下來應該有的成長也沒有如預期，爸爸媽媽被迫做了這個最痛的決定，將在幾天之後剖腹，將寶寶取出，中斷妊娠。

　　而在預談的這天，媽媽的情緒非常激動，甚至可以說有點難以控制，畢竟這樣期待了整整七個月，這樣細心照護著身子，就是希望在那個時間點順利自然地生下寶寶，和自己的寶貝見面，但現在卻必須這樣割愛，我想不論是誰都會難以接受。

　　當時老師到達現場，碰巧見著媽媽無法控制的情緒，對著爸爸發了脾氣，邊哭邊吼著：「我告訴你喔！寶寶現在還在我的肚子裡，不管怎麼樣，他現在就是還活著！」
　　巨大的分貝表示了媽媽的傷悲。

　　坐下來之後，家屬重新說明了一次情形，然後開口問了

老師：

「那……請問我們接下來應該先準備些什麼？」

通常你可能會想，這個時候應該是老師拿出專業的時候，但老師卻沒有拿出任何殯葬合約或是目錄，而是大膽地告訴面前的爸爸媽媽：

「好的，現在我就先說明我們要做的第一件事情。我知道爸爸媽媽一定很想要帶著寶貝去很多的地方，拍很多的照片、吃很多好吃的東西，當然，事實上我們時間有限，但在這段時間，我們就盡可能的去完成那些想為他做的事情，不管能夠給予多少，我們都盡力去完成。」

送行者學校

眼前無助的父母間瞬好像被掛上了翅膀，他們獲得了這個機會，這對突然被剝奪權力的父母一同低著頭哭泣，卻也知道了方向。

一個簡單的案件說明，更讓我們明白了這堂課的意義：什麼話是家屬沒說，卻需要的，還有什麼是你沒學過、卻能做到的──我想這應該就是禮儀師和殯葬工作者在生死這個浩瀚的世界裡，能夠發揮的、最珍貴的技能了。

老師用帶著磁性的聲音分享這些故事，我們好像一起重新走過這些他經歷過的生命案件，雖然眼前的屏幕上只有一片文字，但這次是我錯了，誰說沒有畫面？畫面就在台上這位哽咽著講著課的老師心裡、就在台下抓著面紙擦著眼淚的學生腦裡；而現在，可能還落在你們的眼前。

我想每個人在遇到殯葬業者的時候，都以為是在尋一個終點，但我發現遇見這樣的生命工作者，其實是一個多畫一筆就滿的圓。

第一堂課，我們用眼淚洗滌了曾經對於殯葬生死的不

解，更用感動回應了老師對我們這些種子的期許。

聽著一樣的理念，看著同樣的方向，即便手中握的是冰冷的生死合同，卻用一百度熱的心，注視著家屬需求、聆聽家屬的聲音。因為我們一直相信「喪禮的主角，是家屬」；因為我知道，我們被上天欽點成為種子，我們在他們人生中最脆弱的時候，被賦予這麼大的力量。我們堅信，我們輕輕的一言一行，能夠影響眼前這個家庭之後的每一段路。

老師說的是我一直以來抱緊的初衷，但老師去過的地方，卻是我還沒到達的，我看見了更好的自己在向我揮手，告訴我，為了和更好的自己相遇，我只有一個選擇，叫作「不要放棄」。

我巧遇了更好的自己，在老師對殯葬的決心裡頭。我知道了不論是面對生，還是接受死，都得一生懸命。

日本的第一次實習

:

2018 年 7 月 8 日，
是我在日本的第一場葬儀實習。
像 8 年前踏入殯葬業的第一次實習一樣。

今天，我提前三個小時起床。早晨的太陽給我一個微笑，
提醒著我向前。

我買了一份跟 16 歲那天第一次工作時一樣的早餐：一
個三明治、一杯柳橙汁。穿著第一次踏上殯葬這條路穿的工
作鞋，搭了 40 分鐘的電車，走了 20 分鐘的路，不知道為什

麼，這條通往戶田齋場的小徑風景意外地美麗，這段在大太陽照射之下的徒步，就好像重新經歷了過去那些日子。

　　接近火葬場的時候，走到了一條很像培英路的路（過去到火葬場工作必經之路），聞到了熟悉的火葬場燃燒的味道，看到了很久沒看見的靈車，然後是靈堂、家屬、化妝室、停柩室……一步一步好像回到 8 年前第一次工作的場景。對於一個為了更進步而暫離工作崗位這麼久的自己，就好像沒電的手機找到充電器一樣，整個人的魂都回來了！

　　這天的我，一樣站在一旁看著，但不同的是，眼前的前輩是這樣專業細心，一步一步引導著家屬。遺體化妝儀式開始之前，打開包覆遺體的布，眼前是一位看起來大概 80 歲的奶奶。先做基本處置，讓嘴巴閉合，接著參與家屬近三十位，一起進入小小的化妝間，每個人帶著愁悲的神情在一旁看著；突然間，家屬說了一句：「奶奶剛滿 99 歲……」

　　在一旁聽見的我，看著奶奶，真的覺得自己真的真的好有福氣，我在心裡頭說著：「謝謝緣分給我機會，謝謝祢成為我的老師。」不知道為什麼，此時此刻覺得自己和亡者之

間的頻道重新連線了。我對自己說過，我好像因為祢們而存在似的⋯⋯

在家屬還沒有到這個化妝室之前，我看著前輩細心動筆，她抬起頭微笑問我：「阿嬤很美吧！」因為這一句話，我確定了我很幸運，我在這裡的第一次實習遇見了好前輩。

即使是將近三十雙眼睛盯著前輩化妝，前輩也能在一個最恰當的時間點抬起頭對家屬說：「媽媽生前一定很愛漂亮對吧，皮膚很好耶！」

一句話，暖化了這個冰冷的化妝間。亡者的先生，用一種「哈哈被發現了」的笑聲回應：「對呀，真的超級超級超級愛漂亮的。」

其他家屬也收起臉上緊緊的面容，開始和納棺士笑著討論著婆婆的生前，在婆婆的面前，回憶祂的生活。

一直以來，我都相信簡單的化妝過程是整場喪禮最重要的環節，但重點不是在於你的化妝技術多好，而是你能夠讓

家屬在這短短的化妝過程中，抒發多少情緒和說出多少想說的話。

一個殯葬工作者在與家屬一起面對遺體的時候，能在這個家屬最脆弱的時刻給予家屬什麼，這個溫暖家屬的用心程度，真的會直接反應在他們對你的態度上。

短短半個小時結束，前輩卻得到二十幾位家屬的點頭，當她替亡者畫上口紅的那一刻，我看見將近一半的家屬強忍淚水顫抖的神情，展現出來的「感動」……這是我一直以來認為殯葬能夠給遺族最大的幫助，這個看不見卻最重要的東西——「悲傷輔導（grief-support ／グリーフサポート）」。

記得，8 年前什麼都不懂的自己，面對和自己理念不同的前輩，或是不認同的做法，只默默地在心裡頭給自己一個目標：「若哪天當我可以獨當一面時，我絕對不會讓這樣的事情發生在我的工作裡，還有我的家屬心裡、眼前。」
眼前的場景和前輩，與 8 年前的落差有十萬八千里。

不管在哪一片天空，都要像個圓規繞著自己的目標走。

心不變，腳在走。感謝一直以來很努力的自己，讓自己有機會可以站在這裡，從三萬英尺的高空，看著此時此刻持續努力的自己。

最後納棺師和家屬互相鞠躬之後，我用了這裡的最敬禮，對這個第一位帶我實習的化妝師鞠躬說：「辛苦了，真的謝謝您。」而且眼眶泛著淚。

不為什麼，只因自己看懂了她和家屬的小小互動。

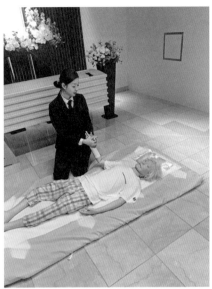

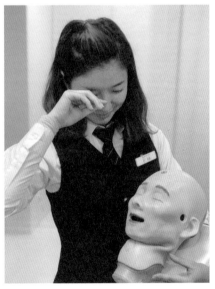

突如其來的「道德課」

：

老師站在台上說出我一直都知道的答案，
但我聽見的只有，他的心比我更靠近家屬。

　　順利完成了在這裡的第一次實習，很興奮地到了學校想
要跟大家分享。

　　第一堂課本來是納棺實作練習，卻突然在上課五分鐘前
被班代通知，要到講堂上課，我們的班代是個音頻很高的女
生，但不知道為什麼今天她的聲音聽起來卻有些低沈。

通常在開學前就會發課程表，上什麼課、老師是誰都有清楚寫上，況且以日本人嚴謹的性格，是不會輕易調動課表的，但今天臨時的講師是誰？課程是什麼都沒有人知道。我也跟大家一樣，頭上都有著滿滿莫名其妙的問號：「蛤？為什麼突然改去講堂了？發生什麼事？」

　　走到講堂，在老師還沒來之前，我很開心地跟其他同學分享著我昨天看到的人事物，還很興奮地發表著昨天的心情，覺得一切順利完美……可是話還沒說完，今天幫我們講課的老師就走進來了。

　　天啊，是副社長！
　　嚇得我立馬回去座位上坐好。喔，對了，我坐在教室第一排，就在老師的講桌前面……

　　身材高挑的副社長，總是表情嚴肅，他一走進來，什麼話都還沒有說，那股強大的氣壓，就讓我們瞬間閉嘴，當然，也讓我停下了腦裡、心裡、嘴裡尚未說完的完美。

　　簡報一打開，日文標題就下著一個——

一個專業的おくりびと（okuribito 送行者）必須具備什麼？

我對於自己和家屬的互動和用心程度有一定的肯定，看到的當下，甚至還有著像跩臉孩子的想法，像在說著「這個我早就知道答案了！」

因為我始終覺得，最重要的是要有一個全力為家屬的心，我也一直相信，只要心態是對的，什麼都是對的，況且這是我在這條路上一直堅持的，也非常肯定的，所以心裡想著，這個課題就在我的領域裡！

但接著，老師開口說出他的答案：
「一個專業的送行者，必須做到不帶走任何家屬的情緒，甚至離開家屬家之後，絕口不提家屬的故事。」

前面一句我可以理解，的確，一個專業的送行者必須像一個專業的心理醫生，這中間的平衡著實很難掌握，這方面我能夠理解老師的想法。我想起當初怎麼因為自己工作中的入戲，總是讓自己抱著家屬的情緒，一個人躲在角落痛哭，

然後因壓力暴增，無法洩壓，最後爆炸，反而被迫讓自己在職場毫無能力，這的確不是一個專業的表現。

老師又說：「在日本，很多時候，到喪家不只說話不能看起來像聊天，同事之間說話不能夠露出笑容，離開家屬家之後，不能與任何人分享今天發生的事情，不只不能說，你連想都不能想。」

聽起來好像就是一番到哪都一樣的道理，但在我一直以來的工作環境裡頭，好像找不到那樣的場景，甚至我腦中滿滿的，只有我跟家屬在靈桌前歡樂笑場的畫面。

「我知道聽起來有點誇張！但是這就是必須！」從老師的言語之間，隱約感覺得出來他好像能解讀我的心。

當下我瞪大眼睛，心想：
蛤？必須什麼？這樣不是冷漠了嗎？
這樣不就只是把家屬當成拋棄式客戶嗎？
這樣要如何了解家屬的情緒？怎麼走進家屬心裡？
該怎麼給予家屬更好的協助？要是不分享，怎麼能夠幫

助更多的人？

　　況且現在大部分禮儀師跟家屬之間的互動和關係，真的沒有這麼剛硬，大家面對死亡的態度也沒有以前那樣畏懼。好吧，我承認其實當下我在想：「日本人想太多了吧！有必要這麼誇張嗎？」我用我超級專注且大大的眼神表示「我不懂也不認同」。

　　課程進入最後十分鐘，老師用三句話總結了課程最後的答案。
　　「萬一家屬看到怎麼辦？」
　　「萬一家屬聽到怎麼辦？」
　　「萬一家屬以為怎麼辦？」

　　聽起來很短、很淺，但卻讓我屈服了，坐在教室第一排的我，默默低下了頭。

　　即便老師說的是日文，也是我一直都知道的答案，但我聽見的只有──他的心比我更靠近家屬。或許沒有太大的期待和抱負，但他的理想就是保護現在負責的家屬。

坦白說，一直以來我都知道我很幸運，遇到很好的家屬，受到他們的眷顧，讓我能夠好好運用他們經歷過的生活影響生命，所以在每一次的演講或者寫書、寫文章的最後，我都會不斷感謝我的家屬用他們最疼痛的故事，陪我一起影響更多的生命，燃起更多光束……

　　或許，我從副社長打開第一張簡報時就知道──這堂課就是因為我而開的。課程結束之後，他問了我們：
　　「請問有沒有什麼問題？」
　　「嗯，沒有。」
　　「好，那大家辛苦了。上樓繼續練習吧。」
　　副社長瀟灑地甩髮，用直挺挺的背影離開教室。

　　我想起自己在臉書分享工作日誌的那幾年，前輩對我說過的幾番話：「這個可以發嗎？」「那個可以寫嗎？」「這個有必要拍嗎？」「那些話有必要說嗎？」那時候不懂事的自己聽得淺顯，以為他們見不得別人好；但我想我現在知道了，他們才是真心為家屬好。

　　在日本受訓的每一堂課，不只給我新的視野，也給了我

許多提醒。提醒我人生沒有所謂失敗，但的確有很多不夠完美的失誤；生活中也沒有值得去後悔的錯誤，但有不少能夠更精進的舞步。

曾經的想法和目標或許不是不好，但我低頭承認，我可以做得更好。

你的大學，名叫？

：

我沒辦法進入台灣第一大的禮儀公司，
無法馬上待在日本的職場，
都是因為——
我沒有遇見這個「你們覺得浪費時間金錢的大學生活」。

臉書訊息燈亮，是將近一年沒有見的表妹傳來的。

「姐姐，我有一門課要訪問在某個領域努力的人，我們這組想找妳可以嗎？線上視訊訪問就可以了，應該不會花太多時間，妳願意嗎？」

因為是自己的表妹，我當然一口答應了，他們說，謝謝

我給他們一個採訪我的時間，但其實，是我謝謝他們給了我一個再次自省的機會。

在電話裡，他們問了我幾個問題，第一個問題無非就是問──

「日本跟台灣的生活有什麼不一樣？」

我很直接的告訴他們：

「台灣跟日本即使再熟悉，畢竟是兩個不同的國家，不要說民族文化了，生活方式、壓力程度也絕對不一樣。在這裡一年了，每天的生活簡而言之，就是整個世界都灌輸給你一個『你只可以努力！你非得努力！就算行屍走肉你也只可以每天努力工作！』的概念。」

沒錯，這就是日本。

當這群孩子們問起這個問題，我才發現，其實我在這次的築夢過程中，好像比感覺上更艱難。當初來日本時一個人背著自己的夢想，還有所有相信我的人的期待，我告訴自己只有堅持只有咬牙，沒有別的！因為這條路是我自己選的。

記得在我重新踏回日本這片土地的第一個瞬間，我站在機場停了五秒鐘，無視左右的人群，用一個足以敲醒自己腦袋的聲音說：

「在台灣，妳是許伊妃！現在跨出了這道門，妳誰啊？」

而現在回想起一開始在日本的生活，我不敢說辛苦，但真的是經歷了一番我從來沒有活過的生活，就像是我和同學站在超市的冰箱前面，拿著計算機，算著這個多少那個幾多錢時，我突然轉頭看著這個來到日本才認識的朋友：「欸！你知道嗎？我在台灣，從來沒有過過這種生活，我從來沒有買東西這樣斤斤計較地算過錢……」

也因為沒辦法看著自己的存款每天都是遞減，受夠一天一天的焦慮慌張，來到日本的第一個月就開始打工，每天的行程表都呈現跑跑人的狀態——

早上七點起床，八點出門，九點到學校開始上日文課，中午十二點半下課後一邊跑步、一邊咬著一個飯糰趕電車去打工。

下午五點下班之後，回家換衣服、吃飯，睡個十五分鐘，

又要出門去送行者學院受訓，晚上十點課程結束之後，得在十五分鐘之內趕到打工的地方，繼續上班到半夜十二點半，每天重複著這樣的生活……假日我還到另一個服飾店打工！

寫到這裡，我真的不知道我怎麼走過來的……我不斷灌輸給自己的一句話就是：「追夢的過程，沒有休閒，只有休息。」為了看見你要的風景，你用爬的也得爬過去！

幾個問題結束之後，這幾個大學孩子又問了我：
「那請問姐姐會給現在大學生什麼建議呢？」

我想我給的分享不只是在提醒自己，也能分享給很多正在鋪路過程中喊累的你們，我知道現在大部分的人都會認為，大學生每天都在浪費錢浪費時間，根本是來交朋友，或者是覺得自己以後根本不會做這個行業，學這個科系幹嘛？相信這些疑問在現在這個社會中從來沒有少過，但我想說：
如果你認為你是來大學浪費時間，那你就必須拼命浪費時間！
如果你覺得你的大學生活就是交朋友，那你就必須交朋友交到一個淋漓盡致！

如果你發現你在大學裡找不到目標，每天渾渾噩噩不知道在幹嘛，就停下腳步問問自己，你自己的未來想要過什麼樣的生活！

的確有些人的夢想很小。來日本之前，我也認為念大學沒有用，沒有念大學的我一樣在工作，沒有念大學的我一樣在國外念書，沒有念大學的我一樣出了第二本書，一樣在這個社會跑跳著。但，我沒說你們不會知道，因為沒有念大學，我沒辦法進入台灣第一大的禮儀公司，在國外念書得比別人花上兩倍的時間才能成為日本的社會人，甚至我無法馬上待在日本的職場，都是因為——我沒有遇見這個「你們覺得浪費時間金錢的大學生活」。

你問我後悔嗎？

不，我不斷訓練自己不要為任何事情感到後悔，我反而覺得，現在的我們都正在念一所無法確定畢業日期的大學，有些人的在學時間可能一天、一個月、一年、十年、五十年……有的人可能念到一半覺得辛苦，自己選擇休學（自殺），也有些人可能因為違反校規所以中途被退學（意外），

或者有些學生請著病假一路到達畢業（病死）；當然，絕大部分的學生們能夠把握著每天的課程，期待著畢業典禮的到來。

台灣企業家嚴凱泰曾說過：「念大學，不會是每一個人的路。」，但我也這樣提醒自己——好好利用和把握在大學裡的每一天，可以讓你開心地迎接畢業那段路！

嗯，沒錯，這所大學名叫「人生」，你的學級叫作「生命」，而我選擇的科系叫作「把握」，走得長叫作「耐力」，爬得遠叫作「堅持」。

終點線前的一通電話

她只說了六個字，
就把我拴緊五個多月的水龍頭給打開了。
我把床單哭到就像尿床一樣，濕成一片。

　　我真的必須說，不要以為當學生很輕鬆，只要你有在動腦，念書是一件非常消耗體力的事情！數不清有多少次是硬撐著從床上掙扎爬起，眼睛還沒有睜開，手就自動開始換穿制服，到了浴室邊刷牙還邊背考試內容。因為我在這裡是外國人，用的語言也不是熟悉的母語，學習上更容易遇到瓶頸與不平等待遇，可我依然只能咬牙，提醒自己──當初是我

自己說我可以做到的！

　　幾次從拉麵店下班，回到家後只能小小瞇個十五分鐘，
就得起身換上送行者學院的制服，也好幾次都頂著充滿拉麵
味的油頭去上課。我們在練習納棺穿衣時，會穿自己的 T 恤
上課，曾有幾次因為下班時間晚了，我還直接穿著拉麵店的
廚房雨鞋和後面印有拉麵店名稱的紅色 T 恤去上課。

　　距離檢定考試的日期越近，我的壓力就越大。這天一到
學校，我整個已經壓力爆表到 300%，簡直生不如死。因為
平日也要打工，在學校練習的時間少，納棺的動作一沒有達
到自己理想的美感、更衣一不順手，我就難過到自己生氣自
己，我對自己嘟囔了一聲，便鬆手把衣服放下，趴在榻榻米
上翻滾。
　　「天啊，我為什麼要大老遠的跑來日本啊……」

　　大森老師知道我的壓力，笑著作勢拉著我，要我起來。
　　「我們大家都還沒有放棄，妳不可以放棄，大家要一起
通過檢定成為超級納棺師。」老師鼓勵我。
　　這將近半年的時間，不管遇上了什麼狗屁倒灶的事，前

五個月我沒有打電話回家哭過，因為我習慣報喜不報憂。一個人在國外，難過的時候我更不敢打電話回家，擔心自己一旦聽到家人的聲音，可能只會瞬間讓淚水堵塞話筒，而最想說但也最不能說的那一句——「我好想你們、好想回家」也會脫口而出。

很多人發現，我在日本胖了，不到半年我整整胖了 11 公斤。剛到日本的時候，我只有 53 公斤，但胖到最高峰時，竟然有 64 公斤！這讓我所有的褲子都穿不下，包括送行者學院的制服。

畢業檢定考前的某一個晚上，半夜兩點，我下班回到家，看見客廳的燈還亮著——是我的室友在為我等門。洗好澡後，我又回到客廳，抱著整袋白飯燒肉零食冰淇淋，不發一語的坐在桌前，直到他們開口問我：「妳最近怎麼了咧？」

我的聲音有點發不出來，但一說出口卻聽起來很急很激動：「我不知道，我不知道，其實我真的不餓……可是我就是停不下來。」

可能我的樣子看起來太可怕，室友們聽完馬上搶走我的

食物，大聲斥責說：

「妳不能再這樣吃了！」

之後幾天，只要我打工打到馬上就要天亮的那個凌晨，他們就會撐著不睡，只為等我回家。當時雖然感動，但內心真覺得自己像個廢物，連吃都不能控制，焦慮得更慘了；因為在這最難過、最覺得過不去的時候，我不敢哭。在我的室友們面前，我含著眼淚不敢哭，可是內心不斷累積的壓力卻讓我暴飲暴食，我發狂似的把食物往嘴裡塞，但我真的真的一點都不餓，可是也無法停止進食，因為彷彿只要吃進東西，我就能獲得安全感。

壓力就像被塞進我嘴裡的食物一樣累積，最後到了已經要無止盡爆炸、嘔吐的程度。納棺師檢定考前一週，我像一顆隨時可能爆破的氣球，我驚覺自己必須開始求救。

因為有著很倔強的個性，這些日子我不允許自己哭，我總說這是我自己選的，我沒有資格哭。但我知道，如果我再不軟弱，我可能撐不到畢業。

於是，我拿起電話，按下了「家－媽媽」的通話鍵。

「喂？媽媽妳在幹嘛……」我想隱藏哽咽卻顫抖的聲音。

「哎呦，怎麼了啦……」

她只說了六個字，就把我拴緊五個多月的水龍頭給打開了。我把床單哭到就像尿床一樣，濕成一片，哭到兩眼都腫了。

「加油，我們都知道妳很努力，馬上就要撐過了，妳要加油，我們都在等妳回來呀！……哎呦，媽媽聽妳這樣哭，媽媽也很心疼很難過。」話筒裡，媽媽的聲音也顫抖著。

「等妳考完試，媽媽會去參加妳的畢業典禮呀，妳要加油，妳很棒的！」媽媽的聲音，就像比賽快要結束時，我看見他們在終點等我，向我揮手、為我加油。

「……好。」

我鼓起勇氣拿起掉落在地上的接力棒，想要憋著最後一口氣，衝向那條終點線！

爸媽，我畢業了！

:

這個機率讓我明白，為什麼我當下如此激動，
我想，是因為我知道，這一切的一切有多麼難得。

我！通過檢定了！順利畢業了！我撐過去了！

在拿到畢業證書的那一刻，校長對我說了感言：
「當初大家其實都不認為許さん可以順利畢業，覺得妳
應該念到一半就會回台灣了！」

整整半年，我都沒有回台灣，在拿到畢業證書的那一刻，我打了電話給沒辦法來參加的爸爸。

　　「爸爸，我順利畢業了……」

　　「不簡單，這次真的不簡單，我以為妳一個月就要跑回來了，妳撐過去了……」

　　畢業典禮那天，所有儀式結束之後，我邀請每個老師錄製一段話給我鼓勵，希望能當作送給我的紀念，我也趁著這個時候，分享這些日子的學習心得回饋給老師們。

　　第一位，我邀請了木村光希社長，他同時也是我們學校的校長。我先感謝他接受了我的毛遂自薦，希望他能錄一段話鼓勵我。

　　社長對著媽媽拿著的錄影機鏡頭這麼說了：

　　「她是學院開辦以來接受的第一位外國學生。一開始大家真的都在想：『她撐得過去嗎？』一個人來日本，沒有朋友還要接受這麼多訓練，在準備考試那陣子真的是很辛苦，對吧？」

社長停頓了一下，轉頭看了我一眼，我點點頭，我也沒想到自己真的撐過了這些日子。

他接著說：「期待她接下來繼續的努力，把這個納棺文化發展到亞洲和全世界，一起攜手讓這個產業更好更好。」

我很清楚日本人的吹毛求疵，很瞭解日本人的排外，當聽見社長這樣說，我知道自己被肯定了，而且代表眼前一直陪著我的大家也都看見了……

接著，我鼓起勇氣邀請了副社長，我用不甚熟練的日文語法，邊強忍住想哭的情緒跟副社長說謝謝，謝謝他讓我變得更加優秀、更加專業。我也誠實的跟他說，那天臨時課程中的前三十分鐘，我其實是非常無法認同跟理解的，但是最後我檢討我自己，我知道我必須做得更好，謝謝他給我一個這樣的機會。接下來我會讓自己成為更好的人，更優秀的殯葬業者，更超級的納棺師。

副社長笑著對我點點頭說：「接下來的日子，希望妳能謹記所學，無論是對自己的工作，或者對喪家、對家屬都有更細更細的心，因為我們都是家屬當下唯一的支柱。」

最後一位，我找了最敬重的、教授葬儀知識的進藤老師。

「其實剛開學的時候，大家都很擔心妳到底聽不聽得懂，」老師說這句時，我慚愧的在一旁偷笑。「但後來在幾次的論文報告中，發現就算許さん是外國人，也很努力地用日文表達出自己對殯葬的想法和堅持。」

站在一旁的我真的很感動，不只被自己尊敬的老師肯定，也感動這段過程。但沒想到下一句，老師邊說著，竟然哽咽地掉下了眼淚……

「那天我看著你的論文，不只是感動，還一邊看一邊哭……」老師一度無法說完，頓了幾秒後才繼續說：「一個有著跟我們相同想法與堅持的人，竟然是來自國外的妳。」

一秒瞬間，我從老師面前閃躲到角落，開始大哭。

一旁正在錄製影片的老師和聽不懂日文的媽媽，實實在在地被我突然的轉身爆哭嚇了好一大跳！

這是這十年來，我在殯葬這片大海裡頭從沒有感受過的激動，我不知道該怎麼解釋這一句話是如何掀起我心裡的波濤洶湧，但我可以確定，我走了好遠好遠，一個人揹著夢想

來到這裡，我終於遇見了……也終於被看見了……在這相差 2163 公里的天空下，遇見了這個比自己更好的自己。

這時，進藤老師腳步移動到我的面前，對正在哭的我遞出了一條手帕，我接過，毫不客氣地擦了眼淚還沾上了鼻涕。等老師錄完、話題結束之後，我低著頭不好意思的看著手帕：「啊啊……老師這個……這個怎麼辦……我會洗好再還你的。」

「不不不，這妳就收著吧！」

正當我邊哭邊想著「這樣好嗎」的同時，老師從他的口袋中拿出了另一條手帕。「我一直都帶著兩條手帕，為了眼前掉淚的家屬和每個人……」

這一輩子能夠遇見這樣一位老師，夫復何求。

我曾問過老師：「在日本的殯葬業或者你的生活中，有沒有遇過跟你有著一樣的殯葬想法和一樣的堅持的人？」

「有啊，當然有。」老師肯定的說，「但是，機率大概是十分之一。」

怕我聽不明白，老師又用簡單的方式說了一次：「意思就是一千個人裡頭可能只有一百個人會這麼做。」

這個機率讓我明白，為什麼我當下如此激動，我想是因為我知道，這一切的一切有多麼難得。

我低頭看著自己腳下踩的這片土地，然後抬頭看了那顆炙熱的太陽，我笑了一下，發現──原來是因為我一心向陽，所以尋到了這個國家「日‧本」。我真的沒有找到什麼金山寶礦，但就這麼幸運的成為這個十分之一。

原來生命的世界這麼遠，卻這麼圓，只要面向著光，走著走著，就能遇見太陽。

與魔鬼聯手的天使

:

生命應該得到的是連結，而不是終結。
我在這個女孩身後看見一道光，
一道連結生與死的光。

　　大家總認為拯救生命的是醫院裡身著白衣的天使，而穿
著黑西裝，跨越命危前往收拾的，是大家唯恐不及的魔鬼。

　　在這個不一樣的天空下，我發現了不一樣的天使，看見
了有人用身著白衣的那雙手，為了患者和家屬的安心而願意
和被認為是魔鬼的我們一起努力的溫暖雙手。

　　誰說天使和魔鬼不可能攜手？

我在日本受訓的這期學生總共有十二位：十一位日本人，一位許伊妃；三個有殯葬經驗，三個剛畢業，一個轉職，兩個主婦，特別的是，還有兩位白衣天使（護理師），分別是27歲的女孩和45歲的阿姨。

　　大家在開學當天會互相認識，介紹自己的學習契機與未來目標、展望，大部分的人都想成為一位專業的納棺師，而有些可能還沒有確定方向的，就說希望能順利畢業。

　　課程開始後，很快就發現這兩位護理師的學習態度是天壤之別，45歲的阿姨，在課堂上總是問起很多與課程不相關的事情；或者在口令練習過程中，總是露出破綻地出現很多日文累贅口頭禪。從她對待遺體的粗糙動作，其實不難看出她平時怎麼照顧患者的，更可以很容易地從她與同學之間的互動和表情知道她平時是怎麼跟病患、家屬溝通的。

　　而另一個27歲的護理師，有個很美的名字叫明日花，一頭捲捲的俐落短髮，在班上的成績名列前茅，最後幾乎可以說是以第一名畢業的，非常優秀。明日花對待遺體的動作細膩乾淨，面對家屬說明的口氣溫暖柔軟，與老師同學之間的相處也是禮儀周到貼心。每個人看著她，都非常確定，她一

定會是一名非常優秀的納棺師！能夠遇見她的家屬和亡者，除了幸運跟安心，我找不到別的形容詞。

　　她每天要從距離東京車程三個小時的栃木出發，在晚上十點下課之後又搭車回到栃木，大家都非常佩服她這股要成為納棺師的決心和努力。

　　畢業典禮這天，校長請我們輪流上台發表畢業論文，分享自己的受訓感言和未來展望，有的人感謝學院耐心的教導，有的人說明自己果然不適合，選擇放棄成為納棺師。最後，輪到了大家以為就是要成為「納棺師」的明日花。

　　她的發表讓全班都噙滿眼淚，用最熱烈的掌聲表達心中的敬佩。

　　「雖然自己是一名護理師，在醫院面對的生老病死也不曾少過，但我常常覺得無力，在面對自己照顧的病患的死亡時刻，因為自己對於臨終照護和死後變化的不了解，總覺得我們應該可以多替病患做些什麼，讓他們不要帶著如此痛苦的表情，或者那樣的病容離世……對於當初什麼都沒有辦法做的自己，我感到非常的難過。」她掉著淚，哽咽說著這段藏在心裡數年的遺憾。台下的我，也因為看見了這個「天使」

而感動落淚。

「現在，我從死亡開始，學習到怎麼預防這些變化，可以讓自己在殯葬業者來到醫院之前，就先做好這些處置。畢業之後，我沒有要成為納棺師，我要帶著我在這裡學習到的一切，往居家看護師前進。現在的我，有能力在臨終者離世的當下，給予『祂們』協助了！謝謝送行者學院的老師們指導。」

在場的所有納棺士們，以不間斷的掌聲，和她簽了這個生與死的合同。

這些話，她在受訓的半年間從沒有提過。現在回想起來，她的動作細膩輕柔，是因為她要面對的對象不單單只是「祂們」。而我在這個女孩身後看見一道光，一道能夠給予「患者護理」與「遺體處理」連結的光！

我問了我自己，我為什麼感動，我為什麼佩服？我回想過去的工作經驗，的確，從以前護理與遺體處理就被強烈切割，到醫院接體時，護理人員通常不會協助，殯葬與護理之

間彷彿有一道很深很深的溝，甚至接過特別打電話下來往生室，只是要我們上去幫亡者換衣服而已。

明明是同樣的一位患者，但在生前跟死後就像被魔刀切割，界線分明，一旦生命到了盡頭，剛剛還幫你掛點滴的、換床單的、量血壓的，統統都是另個世界的人了。

但想想天使們也的確不容易，在「生、老、病、死、離、別」中，天使們就串連經歷了出生、生病、死亡，數量也真的不是少數。不瞞大家說，文章打到一半時，我還打了通電話給自己身為護士的好姐妹，她也給了我一個我不意外的回答。

「你們遇過這麼多自己照顧的患者的死亡，你們當下想什麼？」我問。

「想什麼喔？其實看多了真的不太會多想，接著就是交給你們。」她回。

是，或許這就是護理，或許這是每個人在不同環境下看待生死的不同，一直以來也沒有認真去探討面對生死時，黑與白中間是否能有更多的可能。種種的理所當然之下，大家的意識裡頭就認定了：天使怎會與死神攜手？可能也因為另

種原因，有些狀況可能是護理方沒有好好照護，導致患者往生，成為遺體被接受處理，讓生命這條大河中間著實有了很明顯的分界。

但其實，有些死亡處置如果在第一時間，護理師能夠攜手合作的話，真的會影響遺體的樣貌（像臨終時候的護理，初終時的儀容整理），遺體的景象會牽動家屬的情緒動盪，這個情緒會跟著家屬一輩子。

我不知道有多少護理人員投身殯葬，容身生死；也不知道有多少殯葬人員真的認真去了解護理，但重要的是，看待眼前的患者或者死者的當下，能清楚自己從事這行業的契機，用著一個什麼心態，帶著什麼樣想法。

你想給予什麼，你還能多些做什麼！生命照顧，死亡處置，真的不應該是被分割。我不知道這篇文章會讓你想起些什麼，但我看見眼前這個來自不同國家的護理師，從她的一字一句中，我知道未來自己還能夠多做些什麼。

從生與死的灰色界限，我能看見那道光。

超級納棺師

"
讓我不顧一切追到日本的,
不是那些在「死」亡鏡頭前的演出,
而是他們用日常做編劇的「生」活。
"

人生成績單

:

在生命最後的舞臺上，
我們應該表現的是精彩的歲月，
應該展現的是用心活過的記錄。

　　畢業之後，和學校校長開了無數次會議，終於爭取到在老師身旁邊學習邊指導學弟妹們的機會！今天是我第一次用助教視角去和學弟妹們一起學習，日式的和室，十一名學生就這樣跪坐在榻榻米上，我站在和室的最後面，就像看著去年的自己一樣。

進藤老師在開場就給了我一場震撼，因為我們上課前要向老師行禮。沒錯，就像你們想的那樣，學生一排排跪著向前，頭向下、伏地行最敬禮。行完禮之後，原本應該站著上課的進藤老師突然跪了下來，大家一陣緊張，想說老師幹嘛跪下啊？！

　　「你們知道嗎，跪著時候的姿勢對一個納棺師來說非常重要，知道為什麼嗎？」進藤老師跪著說。
　　「不知道。」大家搖搖頭。
　　「如果你的姿勢無法端正，在納棺時，遺體就會是斜的，一切都是斜的。」

　　老師話裡雖然指的是遺體，但我感受到的是他想給我們的觀念──你的心不堅定，你眼前的事情和做的任何一切都不會順利！

　　接著進入今天上課的主題，很關鍵很重點的主題，老師要同學們發表「為什麼一定要辦告別式？不辦會怎麼樣？」並將學生們分組，將討論結果做成海報，一組組上台發表。這也是我當初上課時的討論題目。

第一組男同學的發表很有趣，他說：「不能不辦告別式，是因為有來自周圍的輿論批判。」這讓我想到台灣也有這樣的情況，在台灣我們經常遇到告別式上做了很多瑣事，都是因為「聽別人說」所以也跟著做，好像不做不行。過去服務家屬的那些年，遇過很多被親戚要求做了很多法事、做了很多儀式的家屬們，家屬雖然照著做了，但通常結果都不是很愉快，但不照做又會被說不孝。

　　舉個例子好了：奔喪回家，如果來不及見到最後一面，通常得哭著爬進家門。好吧，但家屬家門口就是縱貫大馬路，車流人流來來往往，眼看著三姑姑六嬸嬸叔伯阿姨們說：「從這個斑馬線爬過來！」卻不得抗拒，因為會被批判。差不多是這種概念。

　　另外是每一組同學都有的一個相同答案：「気持ちの整理（情緒的整理）」。對，其實告別式真的是給家屬調適的機會，做最後情緒的整理，但因為這都是很基本的葬儀概論，我只點點頭拍拍手，沒有太多的反應。

　　直到最後一組同學，發表的最後，他們的海報上寫了一

句讓我起雞皮疙瘩的文字。一張全白的全開海報，用麥克筆寫下滿滿的想法，海報的最後寫著「人生的成績單」。在座同學和老師都忍不住點頭，肯定這個帶點抽象卻直接撞心的發表。

我在讚嘆點頭之餘，還等不到學生下台，就忍不住和旁邊的大森老師呢喃著分享了我的心得：「沒錯，真的是一張人生的成績單，但成績不是反映在最後的任何數字上，而是在校期間的一舉一動！」

是啊，告別式不就像是人生的成績單嗎？

我曾跟我媽說過，如果我有什麼意外，記得幫我把所有演講的感謝狀展示出來，還有我寫的書、我的海報……；另外我又想像著怎麼替自己深愛的人布置告別式會場，幫他擺出滿滿的比賽獎盃、獎狀、獎牌……（嗯，光想到這裡我就已經哭了）

去年我在台下當學生的時候，我的回答是：「告別式有它存在的必要性，但如果搞不清楚告別式到底是為了什麼，

那只會造成一個家庭的負擔和困擾。」這個回答很直接犀利，卻也非常實際；就像你如果搞不清楚你要怎麼活，沒好好活過，死了真的是種浪費。

告別式是一張人生的成績單，在生命最後的舞台上，我們應該表現的是精彩的歲月，應該展現的是用心活過的記錄；而在世生活的任何時候，必須呈現的是那昂首面對生死的態度！

就像進藤老師一開始說的一樣，若你不定，你所做的一切都不順利。我想，「活著」這件事情也是一樣的，每天每分每秒，都是為了替自己活一個漂亮。我們常聽到要「面對死亡」，但面對死亡之後呢？坐等著任性的死亡收服自己性命嗎？

或者，思考一下，你想為自己拚出一張什麼樣的成績單？

超級綱捳師

嘿，
為什麼想到日本學葬儀？

：

在日本，家屬不需要任由殯葬業者指示，
因為每個大大小小的家庭，
都清楚也遵守各種生命中最重要的每個禮儀。

有一天，我被身邊朋友問起：「嘿，我問妳哦，妳去日本學那個納棺是要幹嘛？」

當我聽到這個問題的時候，其實小小震驚了一下，因為這個問題，我問過我自己不下一百遍：我花這些錢跟時間來日本生活為了什麼？

出國前，和我一起打拚的夥伴也說過一樣的話：「妳去學日本的那套也沒有用啊，在台灣又不適用，禮俗文化也不一樣！」一臉覺得我很奇怪，幹嘛要去學日本東西的表情。

但當下的我，抱著入學許可的興奮感，嘴角上揚、表情雀躍，一句話也沒有說。

在日本受訓了一陣子之後，大家依然對於我的出走感到不解，「為什麼要帶著大把鈔票漂洋過海，然後去學別的國家的葬儀？」

這天，剛好遇上來日本參訪殯葬展覽的台灣殯葬業前輩。聚餐時，我們談論著日本葬儀的學習跟台灣殯葬的執業，我又被問起。

「我想大家應該都很想知道為什麼妳要跑來日本學，學這些東西回台灣有用嗎？」

聽起來是個問句，其實是種綁著否認的質疑。

當然在接下來的對話裡，我不只是積極地想替自己證明來日本的這個選擇有價值，也想讓他們了解日本冠婚葬祭文化的美，我激動地比手畫腳，分享著他們沒參與過的殯葬現

場，說著他們可能不知道的禮儀風俗。

「其實日本真的有很多值得我們學習的地方，我們這次來，也是希望看看有沒有什麼好的（商品）可以帶回台灣，給這個產業、給家屬更好的。」前輩視線看著右上角的天空，這樣子說了。

「嗯，的確日本的葬儀商品真的很精緻漂亮沒錯……」我只淡淡的這麼回應，但腦子裡翻翻文話正在飛舞。

看起來好像有點理解、有點明白了，但有件事情我們可能說得不夠清楚。

在日本的居酒屋裡頭，前輩們吃著燒肉配啤酒，黃湯下肚，前輩高聳的肩膀也逐漸鬆懈。

「你知道嗎，其實我們最佩服妳的是，當初妳在台灣已經在殯葬圈裡算很有成績的了，但是……」早已被酒精微醺的前輩突然看著我這麼說了。

「但是？」我很緊張地要迎接前輩的評論

「但是你竟然可以咻地一下，人就消失了，所以大家都不能理解，你有必要放棄台灣已經擁有的穩定出國嗎？其實這是我們大家覺得最不能理解的。」前輩搖動肩頸，邊夾著

小菜帶點彆扭又真誠地說了這段讓我瞬間感動泛淚的話。

嘿，你們知道嗎？日本最值得學習的，不是技術，更不是商品。

讓我不顧一切追到日本的，不是那些在「死」亡鏡頭前的演出，而是他們用日常做編劇的「生」活。

在書局，你能看到冠婚葬祭一集成冊的書、各種禮儀資訊都是大家隨手可以得到。

日本自古以來最重要的四個儀式：「元服」、「婚禮」、「葬式」、「祖先」，這裡面可能只有第一個「元服」是大家比較陌生的，意思是日本的成年禮。這四個儀式是日本人一生之中最重要的階段，同時也是他們最重視的文化，喪葬禮儀的部分甚至可能比殯葬業者還要清楚。光是這件事，就真的是跟我自己的國家有很大很大的不同。

大的是國家禮儀，小的是地方風俗，而中間交錯的那個地帶才成為今天的各種禮俗。

但不一樣的是，日本人不需要任由殯葬業者指示，因為每個大大小小的家庭，自己都清楚也遵守各種生命中最重要的每個禮儀。好比他們一個家族代表性的喪服，可以從祖宗

好幾代前開始流傳給子孫——這就是傳統。

思想、道德、風俗、藝術、制度。在台灣，我總聽人說著「生命禮儀」，短短四個字，很多人卻不知道自己到底在扮演什麼角色，你真的明白生命是怎麼一回事嗎？明白什麼是禮儀嗎？

從出國到現在，有人說我不簡單，有人說我卓越優秀，但也不免有人說我瘋了，說我不切實際，說我做了一件投資報酬率相當低的事情。大家都以為，我想要效仿日本，把日本的禮儀帶回台灣。

先說，其實這是一件不可能成立的事情。但與其說不可能，應該說是不允許的，更是一件不應該發生的事。一個國家、一個民族、每個地方、每一片土地都有自己的民俗。你必須保有你的文化，因為如果你沒有你自己的文化，至死就只是個殖民，這是一件很可憐的事情。

在殯葬這個領域裡頭，我不斷跟人分享：好的傳統我們要留下它，但我們要用什麼形式讓猶如出土古物一般的文化

可以流傳？這才是我們應該要思考的。生命跟禮儀不單單只是殯葬業人員的事情，因為這是你的生命，那是我們土地的文化。

　　文化的單位是人、群、族、派、國，是從一個人一群人開始的。這就是為什麼我能夠放下那些舒適的安定，堅持要來日本最終的原因。

　　帶著一張白紙來到日本，從日常生活習慣、禮節到面對分離，跟家屬的互動舉止、殯葬產業的倫理、處理遺體的心態……全部都重新統整貫通，並且為了「成為」理想中的模樣，需要很多很多的「執行」。

　　「Be it, don't do it.」

　　而成為理想之後，你更得繼續讓一切有所作為。無論旁人覺得你的選擇有沒有必要，你要比任何人都清楚你能為這個選擇披上多少價值；更要知道──

　　這個選擇，是你自己的！

謝謝的反義詞是＿＿＿

：

當時，我以為這兩個字很輕鬆、很足夠、很滿意，
但沒有想過，
為什麼只要一句「謝謝」我就滿足了？

　　若問起我什麼時候學會感恩，我會說，如果沒有幸運遇
見「做工的大哥」，我想我可能永遠都只能是個孩子，理所
當然地踩著腳下的土地，無思考地咀嚼嘴裡的米粒。

　　這個社會上大部分的人，從來沒有忘過要教育或者被教
育「人要感恩」這件事情，但是真的能夠理解這兩個字，且

淋漓盡致實行的，我也敢說，自己周遭可能屈指可數。

你們呢？能夠跟我分享「謝謝」的反義詞是什麼嗎？

生活到現在，你有去想過這個問題嗎？「謝謝」兩個字，筆劃 34 劃，說出口 0.5 秒鐘，但這兩字的真意卻可能要用一輩子去理解。

我們每天在日常生活中學習這件事情，甚至答案總是掛在嘴邊，卻始終沒有發現。

就像是小時候，媽媽會告訴你：「阿姨給你糖果，要說謝謝呦！」；出門買菜時，老闆多給你一把蔥，你也會覺得賺到，跟他說：「謝謝。」；後面的路人撿起你掉的錢包交給你，你更是開心到跳腳地跟他說：「啊！謝謝你。」

但是，你想過為什麼你要說謝謝嗎？

因為——阿姨可以不給你糖吃，老闆本來就沒有必要給你蔥，路人更是可以把你錢包偷走不還你。

嗯，「謝謝」的反義詞其實是「_____」。

大家都知道，日本人用餐前有一個習慣，他們會說：「いただきます～」，一般的翻譯是：「我要開動了～」，但其實這句日文的意思，是表示「獲得」。

你可以注意一下，當日本人在說這句話的時候，通常都有一個幸福期待的表情或聲調，不管是因為美食當前的口水誘惑，還是知道這一餐得來不易，我想，只要你能夠看懂、理解日本的文化，真的在某些生活的禮儀上頭，有很多生命之美。

所以我在來到日本之後，每天吃飯前都會低頭做感謝，很多人看到我低頭，像是在禱告的樣子，都會在我抬起頭後問我：
「你是基督徒嗎？」
「不是耶，哈哈～」
「那你在跟誰禱告？」
「跟我自己呀，哈哈～」

有一次，朋友們好奇地問我：

「妃妃，妳禱告都在說些什麼？」

「不然我們一起好嗎？」我伸出雙手邀請。

牽起他們的手，我接著唸：「感謝今天睜開眼世界依然美好，感謝緣分讓我們能夠一起坐在這裡，感謝一直以來很努力的自己，感謝這個社會和世界讓我們能夠擁有這麼豐盛的一餐。」

經過幾次一起低頭感謝之後，我好開心，就像給了朋友們福音一般。從那之後，只要出門吃飯時我忘記感謝，朋友們都會提醒：

「欸欸欸～還不能吃！妃妃我們一起感謝！」

「等下等下，今天還沒有感謝！」

「妃妃，晚餐不用感謝嗎？」

我很感動，真的很感動，尤其當初我要牽起他們的手一起感謝時，甚至有被異樣的眼光看待，有的人會說「可是我拿香拜拜的」、「可是我不禱告的」之類的話語，這時不免一陣尷尬，但現在回頭看看周遭的大家，都渲染了這份感恩。

我知道這一切得來不易，也馬上打了通電話給當初帶我禱告感謝的那個人。

大家總說：「生是偶然，死是必然。」以前的我也是這麼以為，甚至認為自然接受就等於是面對；但若你真的能夠感謝每一寸難得的生命，那你就應該也能理解——「死」真的不是一件容易的事。你想想看，一個人一生只有一次機會，不只時間不能確定，還無法預約，只能乖乖排隊，就算忍不住想插隊，還得先拿痛苦當作代價。

「謝謝」這件事情我們都會，但往往它可以大到你無法想像，小到你會忘記。就像我請媽媽在台灣幫我寄包裹，時間過了但她卻沒寄！我當下只記得生氣她怎麼可以忘了時間，卻沒有想起自己也忘了，其實媽媽並沒有義務幫我。等我想到以後，立馬手刀傳訊息給媽媽說：「媽媽，謝謝妳願意幫我寄。」

這就是謝謝的反義詞——「理所當然」。

在知道了原來謝謝的反義詞是「理所當然」之後，我也

在想，以前在接受記者媒體採訪的時候，他們總是會問我：

「這個工作給你最大的動力是什麼？」

「家屬跟我輕輕地說一句謝謝你，我覺得真的就夠了。」

當時，我以為這兩個字很輕鬆、很足夠、很滿意，但沒有想過，為什麼只要一句「謝謝」我就滿足了？

你是不是在想，是因為家屬沒有把殯葬人員所做的一切當成理所當然嗎？

不是，是因為我沒有把家屬的這句「謝謝」當作應該。

一個人，最重要的根本，就是用一輩子學習「感恩」，感恩那些日常被你理所當然看待的人事物。花五分鐘思考吧！思考那些你從來不曾認為要說謝謝的一切，然後去發現這些理所當然裡頭的恩惠，去感謝去珍惜。

最後，我再次地感謝這世界的安排，讓我的書能被你拿起，讓我的文字能被人咀嚼。

100+1 ＝∞

：

「一個超級納棺師必須具備的是什麼？」我問。

「是勇氣。」大森老師說。

「是因為接觸遺體會恐懼嗎？」

「不是，是接觸家屬、同理家屬的勇氣。」

今天上課之前，剛好在手機看到了台灣利用民眾善心募款的詐騙新聞，便和大森老師閒聊起來。

「日本有沒有這樣的殯葬業者？」我問。

坐在我一旁，身材嬌小、戴著眼鏡、一頭短髮的大森老師轉過頭對我說：「嗯，其實在日本也是有很多只以利益為優先的業者，就像把納棺當成普通商品販賣一樣。」

有十一年納棺資歷的大森老師，總是在教室後面跟著學生一起學習，聽著學生們的未來志願發表時，總是感性地掉下眼淚。之前和她分享我在台灣的工作經驗，也聽到眼眶紅了，這樣的大森老師，是我所歸類的「超級納棺師」。

　　當初上課時聽著老師們給我們的超凡觀念，幾個老師不為盈利、無我的在替喪家做納棺這個儀式，我總和班上的這幾個同學討論，這些一般人遇不到的非凡納棺師，應該叫做「Super 納棺師」。

　　我突然好奇，想知道老師是怎麼接觸殯葬的？
　　「十一年前我父親過世，是我第一次跟死亡離得這麼近，當時內心受到巨大的衝擊，多虧納棺師們給予了很大的協助。」
　　「那是因為他們是超級納棺師嗎？」
　　「不，他們是普通納棺師。」
　　「為什麼？」
　　「雖然我們都很感謝他們幫我父親整理遺容，但其實已經完全認不出來是我的父親了，這件事一直影響著我，以及到現在我給予家屬的服務。」

是啊，每當遇到這種自己接觸未深的事，自然而然都會感謝周遭的一切協助，覺得有人願意幫助就很不錯了，不會要求太多；但其實這種生死大事，無論是當下家屬見到的遺體狀況，還是殯葬業者的服務態度，都影響家屬往後的人生。

「老師，您認為一個超級納棺師必須具備的是什麼？」我問。

「是勇氣。」大森老師抬起頭，稍微思考了一下說。

「為什麼？是因為接觸遺體會恐懼嗎？」

「不是，是接觸家屬、同理家屬的勇氣。」

老師怕我聽不懂，分享了一個她剛執業不久的故事。在她開始做納棺的一年半，她付出的只有技術，只做工，但不太和家屬有太多互動，規規矩矩地在時間內把工作做完，直到遇到某個案件，才改變了她對於自己的工作定義。

一對 30 幾歲的年輕夫妻，丈夫在車禍中過世，留下妻子跟 4 歲的雙胞胎。丈夫遺體在安靈室停放的那一個禮拜，妻子每天和小孩帶著飯糰便當到安靈室，看著丈夫相片笑著聊天，完全看不出任何一點難過的情緒，正當大家都覺得她

很奇怪，一定是怪人的時候，大森老師發現，可能是因為孩子沒有人顧，所以每一次妻子都得帶著孩子一起來，根本沒有機會可以單獨在安靈室和先生說話。

於是，老師鼓起勇氣開口了：

「孩子我們先顧著，安排一個和先生說說話的時間吧。」老師給了她一個笑臉。

「好的，那能麻煩您跟我一起進去嗎？」妻子好像需要什麼幫助似地請老師一起進去。

走進安靈室，妻子說：「想麻煩您幫忙我，把我先生的手掌抬起。」

老師略帶疑惑，但只能硬著頭皮把亡者的手抬起。沒想到，妻子把頭鑽進了手掌下方，就這麼崩潰大哭。原來這幾天在孩子面前從來沒有露出難過表情的她，是這麼逞強、這麼壓抑，一直到現在才敢跪在靈柩旁，哭到無法自己。

「可以幫我把他的手拿起來，摸摸我的頭嗎？」妻子又說了一句話，就這麼哭了整整半個小時。

「可能是我自己多想，但是在日本的家庭裡，只要經過努力，爸爸就會摸摸小孩的頭說：『很棒，辛苦了』。」大森老師說完後，視線轉向遠方，微微笑著。

其實大森老師在說這個故事時，我好像聽見了自己一直以來的敘事口吻，後面的故事當然也讓我看見充滿著溫暖的畫面。我看著大森老師，更確定她就是超級納棺師！

我能深刻感受到那位堅強的太太在納棺師的幫助下得到安慰、得到釋放。感動的過程，從不用多少言語，納棺師的回顧眼神和一段文字，那個來自過去的溫暖，就好像依然在手一樣。

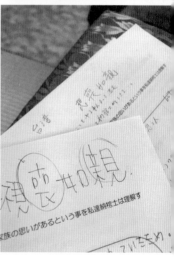

「也因為這樣，接觸了悲傷輔導，知道成為生死橋樑的重要性，在那之前我是沒有勇氣去多和家屬說話的。」

你可能會對老師說的「不敢開口和家屬說話」、「需要勇氣」感到疑惑，其實現實上，光是日常的生活裡就有很多很多需要勇氣的時刻，被討厭的勇氣、說真話的勇氣、被批評的勇氣，但是殯葬業者和納棺師面對到的，是「影響別人一生的勇氣」。

面對喪親的家屬，無論是日本納棺師還是台灣禮儀師，都需要背負很大很大的責任，喪禮上的相遇通常是一期一會，治喪過程中的失敗也都是無法回頭彌補的，這個嚴重性，我想我可以用一個數學公式告訴你們，為什麼我們在面對家屬時需要勇氣？

因為在家屬面前，100 − 1 = 0！！！

納棺不只是一個專業的技術，更是一個高難度的藝術治療。

沒錯，你可以不去問、不去親近家屬，但就失去了這個工作的意義。在有限的時間內，去了解家屬的故事、去同感家屬的感受，這一切的決定，都會影響自己要成為什麼樣的納棺師。你要成為普通庸俗，還是能善終的超級納棺師呢？

　　最後我問了老師，這個工作帶給她最大的影響是什麼？
　　老師給了我這麼一句話──
　　「我們不能知道死亡的方式跟可能，但我們可以選擇自己應該怎麼活。」

　　我想，我們不知道自己能替家屬帶來什麼，但我們可以選擇，我們要不要多做那一分，即便只有一分，也許能替家屬受傷的心靈注入更多可能。

　　$100 - 1 = 0$，但 $100 + 1 = \infty$！

三生，有幸

：

三場演講，我體悟出一段幸運也幸福的「人生」。
生命，生活，生死。

現在眼前炎熱的太陽，對照我剛來到日本的時候，那乾
冷到會讓人流鼻血的天氣，想家的絲絲惆悵彷彿在提醒我，
算一算日子，已經離家 15 個月了……

畢業之後除了在日本擔任助教，也陸續接到台灣的演講
分享邀請，熱愛分享的我總是毫不猶豫地接下，就算是得台
灣日本兩邊飛。

很幸運地同時接下三場不同年齡層的演講，一是德高望重的長輩們，二是涉世未深的大學生們，三是根本還嗷嗷待哺的國小學弟妹們。

　　每場演講對我來說都是種考驗，因為說真的，我從不認為我能教會他們什麼，準備簡報和講稿的同時，我都在想，我能不能從他們身上學到什麼？

　　這三場不同年齡層的演講，拼出了一大片的思考。

　　首先，是讓我覺得最困難的小學生們，讓我擠破頭、想破腦，不知道我該以什麼話題語言來分享。因為邀請者正是我的國小班導師，這天我就這樣開口問了：

　　「天啊老師，跟這種小孩講生道死的他們哪聽得懂啊！」

　　「不會啦，你就講你的小屁孩成長史就可以了～」

　　「小屁孩成長史？好吧我挑戰一下～」

　　很快的到了演講這天，我分享自己記憶裡的小學時光和現在我知道的實況，年輕父母、單親媽媽、沒有父母的超級隔代教養，眼前父母的爭吵、身後外婆的淚水、身旁手足的獨立……最後我和他們說起我怎麼把父母給丟了，又撿回來的故事。

在台上的演講過程，我問了孩子們，如果給你問爸爸媽媽一個問題，你會想說什麼？意外地，我聽到一個憤怒的回答，一個個子不高、有著微微鳳眼的小男生，蹲坐在第一排，抬起頭看著我，用害怕被聽到且平淡的口氣說：

「幹 嘛 把 我 生 下 來？」

從一個小學生的口裡說出這種話，其實讓我有些震撼，震撼到我覺得自己已經無法掌控他接下來的情緒。當下我只能接住他的表情和情緒，暫時跳到下一個主題。

演講結束後，我問了現場的老師，為什麼這麼小的孩子會答出這種負面的回答？老師視線漂向遠方，稍微沈思了一會兒說：

「其實這個地方算是鄉下，這些年多了很多新住民，也就是所謂的外籍配偶，外籍媽媽生下小孩子之後就跑回國了，有些孩子可能根本連媽媽長什麼樣子都沒有看過；有些則是目睹自己父母吸毒雙雙被抓走⋯⋯種種社會的現實狀況，才會讓這些孩子否定自己的出身與價值。」

聽著老師的解釋，我回想起自己以前也常常在內心對爸媽吶喊：那你生我幹嘛？

孩子們正一排排整隊，準備回到自己的班級教室。那個讓我記下臉龐的孩子經過我身旁，一雙眼睛好像說錯話般，眼神沮喪地看著我。

「掰掰。」他低下頭，對我揮了揮手，似乎是因為剛剛的回應憂心著。

我一把把他抓過來抱進懷裡，這麼告訴他：「來，寶貝，我跟你說，我們每個人都不一樣，你是最棒的，我們也都可以是最優秀的。」

他用緊緊的擁抱和兩行眼淚回應我。

過去因為家庭背景和親子關係與多數人不同，我常對自己的存在感到迷惑，我曾經搞不清楚我來自哪裡，不知道世界賦予自己生命的珍貴。不可否認，一個家庭一種成長背景，原生家庭很多時候會讓新生失去希望，會被出身所綑綁，影響他們成長的每個方向。

孩子們，我們可以不去理會，但是我們不要去怨恨過去的任何一切，因為怨恨會使我們的未來過得非常痛苦——就像那時和你們一樣年紀的我。

接著，是一場大學生的演講，我從他們的談吐言行中發

現迷茫。

「在座有沒有自己到底想做什麼事情都還不知道的？」我問。

「有啊，我不知道我到底念大學幹嘛？」穿著白襯衫一臉跩樣的男大生這樣說了。

「我想做的事情跟我的科系根本沒有關係，好浪費時間。」大眼睛長黑髮的女同學跟著說。

「我必須賺錢，不能只想上學……」一個微胖戴著眼鏡的男同學也嚷嚷著。

聽他們這麼一說，本來是要來分享生命教育的，我立馬改變演講方向。因為他們讓我想起，我也曾經和他們一樣迷茫沒有方向，雖然我在他們這個年紀的時候已經在殯葬業打滾三年，也進入大公司。但在那之前的我和大家一樣，整天搞不清楚自己要做什麼，想的很多卻沒有任何行動，但時間和你的青春會逼你向前，就像我也有過白天上班、晚上上課只能睡覺的過程。

分享完後，我再次把麥克風指向那個微胖的男同學，他替我的演講做了一個完美的結尾。

「生活必須有的是態度，打工時用最好的工作狀態，上

學時用最好的求學精神，扮演好你在生活裡的每一個角色。」

最後，一場給長輩的演講中，因為長輩們的一個問題，串起人生中出生至死的連結。
「我想問妳是怎麼克服看遺體的？」
「遺體可怕嗎？」
「妳不害怕嗎？」

「沒有人害怕遺體，害怕的是面對，面對死亡終會到來這件事。」我說。

三場演講，我體悟出一段幸運也幸福的「人生」。

孩子們讓我看見一條新生命應該帶有希望；大學生們提醒我生活中應該要有方向；長輩們告訴我生死有命需要面對和放下。

而不管任何階段，你得學會也必須知道的，是如何「生存」。

超級網糙師

喪禮是種藝術治療

:

不會有最好的喪禮，
但絕對能有一段讓家屬值得記憶在心中的告別。
一個人生命中最重要的一次「療癒」。

這天實習跟上了社長在北海道的案件，也是我第一次了
解到納棺師和家屬面對面的對話內容，雖然當下的我只能夠
在一旁聆聽，但我依然充滿了不可思議。

亡者是一位因為腦瘤過世的老父親，我們一進到家門，
和一般的拜訪沒有不同，在基本的招呼禮儀結束之後，社長

拿起紙筆，和家屬面對面的開始進行對談。

「您願意讓我們多了解一些和爸爸相關的事情嗎？」
雖然用的是很硬的日本敬語，但不難感受說話的人眼神裡散發出的關懷。
「不用勉強，在能夠想起的範圍，說你願意說的就好，沒事的！」

亡者的兒子先簡單回答了一些基本的問題，像是生前病情遺體狀況；接著社長問了爸爸的生前興趣是什麼？有沒有特別喜歡的東西？
「嗯，有，爸爸喜歡釣魚。」兒子說完，突然低下頭。
「你們以前很常一起去釣魚嗎？」不知道社長是不是也觀察出了些什麼所以這麼問了
「嗯……小的時候、有一起去過……小時候……」兒子眼睛含著淚水，幾秒過後突然抬起頭問了一句：「請問釣竿可以放進靈柩裡頭嗎？」

社長帶點不好意思地解釋著皮革跟金屬物品是不能夠放進靈柩裡頭的，家屬也帶著好像提出了過分要求的尷尬表

情，當然也有明顯的失望。

這些簡單的對話結束，但其實我們已經收集到最重要的資訊，回到公司，社長和單位的同仁開始共享家屬和亡者的對話筆記，除了基本的死亡原因、遺體狀況、有無傳染疾病等等，但，最後大夥們討論的竟然是──兒子說想放釣竿進入靈柩怎麼辦？

因為日本紙紮的使用並沒有像台灣一樣頻繁，沒有辦法馬上就變出一支釣竿紙紮。

不管時間上還是材質上，都沒有辦法克服，但眼前的團隊沒有一絲絲想放棄的念頭。這時，社長突然說了一句：「作りましょう！（動手做吧！）」大家笑著回應：「はい！（是的）！」

沒多久，整個團隊馬上開始分工合作，找圖片，準備紙黏土、顏料、包裝紙，社長就這樣親自捏著黏土，做了一隻魚和一把釣竿，雖然肯定不如專業紙紮公司做的那樣精緻，但我看見整個團隊在替家屬捏塑無憾。

眼前這個畫面好像我喜歡看的醫療電視劇裡頭，一群醫生在開會研究病患病情，設法想出最好的治療方法，而這就是我一直想不到該用什麼來說明喪禮最大功效的最佳畫面——不只是彌補，而是名為面對的治療。

告別式當天，讓家屬確認完父親完整的遺容之後，我們將釣竿作為喪禮上的驚喜遞給家屬，果然看見兒子帶著笑容激動地落下眼淚。他緊緊抓著釣竿。

「很遺憾很後悔長大後從來沒有機會參與爸爸的興趣，謝謝你們，謝謝你們。」

他又笑又哭，但現場卻是這麼地溫暖。

畢業之後，只要回到台灣，不管什麼場合或者任何一場演講，大家知道我在日本念書實習之後，都會問我同一個問題：

「那你覺得日本學到的葬儀和台灣最不一樣的地方是什麼？」

「跟台灣的告別式比較起來有什麼不一樣的嗎？」

尤其是還有這種超級可愛的問法：

「台灣和日本哪邊的葬儀比較好？」

但不管被問到哪一種，我的回答都是一樣的：
「其實，根本沒有辦法比的！」

說真的，不光是人，土地、空氣、水就不一樣了，習俗不一樣，做法想法不一樣，最重要的是「教育」不一樣！因為從小基礎的教育就不一樣，也讓日本人對死亡和任何儀式的看法觀念都有傳承，這些都是台灣需要學習的，但是遺憾的是，短時間之內台灣的觀念可能無法趕上這個以多禮成名的國度。

之前上過的葬儀概論課，就提到了日本喪禮的益處，把喪禮切割成五個層面：文化、宗教、社會、心理、教育；這五個層面分別夾帶著喪禮對一個人、一組家庭的影響，在喪禮的過程中，讓人們正視死亡，透過經歷眼前的任何儀式接受事實，間接理解生命無可取代和時間不可逆的重要性。

以前我曾經認為如果生前孝順至極，就可以省略葬禮；但這果然是自己只從單一層面的思考，把喪禮的用處想得過於淺薄。現在對我來說，喪禮是一個生命中必要也必須的。不是因為必須有什麼儀式，必須有什麼排場，而是一個人生

命中最重要的一次「治療」。

至於怎麼安排這場治療？其實連結就像醫院裡醫生和患者之間的關係一樣：

每個患者的症狀不同，給的藥劑不一樣，治療方式不同。

每組家屬的經歷不同，給的關懷不相同，服務不同。

不會有最好的喪禮，但絕對能有一段讓家屬值得記憶在心中的告別。

在喪禮過程中，除了保護遺體，了解死者生前故事，體諒家屬的痛苦，更要緊的是重視參與者的心情。

我處置的是遺體，療癒的是你。

精靈茶會

Chapter Four

"

我們做到了，
用生命影響生命，
成為自己的光，也成為別人的太陽。

"

從「終」學習

：

時間不會停擺，
但是我們可以放下。
放下，不會讓那些混濁消失；
但是平靜會讓一切變得透徹。

　　回到台灣，原封不動的情緒，用幾段文字統整了這些日子。

　　在我正式進入書寫之前，我照例要先梳理好自己的心情，先讓自己安靜，讓思路透明。

　　然後，OK，我們可以準備開始了。

我記得前些日子遇到了一些瓶頸，對於未來的方向不明感到非常焦慮，不過這顆動蕩不安的內心，因友人的一句話札了根——

　　「有些事情，妳 25 歲做不到就是做不到，
　　但可能再過 5 年，30 歲妳輕輕鬆鬆就做到了。」
　　然後兩手一攤：「我不懂妳為什麼要這麼逼迫自己。」

　　他這麼一說，我的小腦袋瓜裡瞬間浮現這樣的畫面：
　　我握著一杯混濁的水，拚命要想辦法讓它變得透明，焦慮讓我不停地端著水杯走來走去，積極地往裡頭加入各種配方，調味也罷，藥水也好，然後不斷地攪拌，不斷地晃動，卻也不斷地挫敗感上身——

　　不管怎麼努力，依然污水一片，於是陷入一個更焦慮的迴圈，我明明很積極，很努力。
　　為什麼……
　　怎麼會……
　　我到底做錯什麼？

此時心中終於有答案了，不是有句話是這樣子說的嗎？
選擇比努力更重要。

走了一圈，其實答案很單純，原來是因為我沒有選擇放下水杯啊！

"

2017 年寫了《黑暗中，我們有幸與光同行》，在各個單位及學校演講，那些日子拖著尚未療癒完全的身心靈，透過自己的視角，分享著在這塊泥濘地裡頭看見的一切。

我沒有很高的學歷，沒有很厲害的資歷，甚至沒有很厲害的頭銜；我的演講也沒有豐富的個人經歷簡報，但在開始分享之前，我會先像現在一樣，收集問題然後回答給台前的各位。

大家問起我的問題，其實十年不變，
一是：「你怎麼會選擇做殯葬業？」
二是：「你都不會怕嗎？」
三是：「家人支持嗎？」

打完這三個問題，心裡頭浮現自己當初站在每場演講台上的回答，那個當下的神情和口氣，眼角默默留下兩行青春淚……

不過再抬起頭，就沒事了，因為眼前的景象提醒著我，我跟著時間，帶著自己到達了更好的地方，抽掉自己杯中的雜物廢水，原來，存在著這麼大的空間。

讓我現在能反過來回答，是這個生命事業選擇了我，讓我們能一起滋養這片土地，謝謝不再害怕的你們和我一起找到邁向的腳步，謝謝我的家，和我成為一個單位，一起努力翻轉這些不可能。

.... 99

回來台灣後，每個人知道我從日本學習納棺回台，問我的第一句話，跟我出國前是一樣的：
「日本跟台灣的禮俗一樣嗎？」
「你這樣學回來台灣有用嗎？」
甚至有同行直接說：「學那個回來沒有用！」

不過，不一樣的是，出國前我低著頭默默的；但回來後，我知道自己不同了。

　　沒錯，納棺是日本獨有的入殮技術，但我出國前就沒打算帶著這個技術回來；日本認定的納棺師頭銜，只能讓我肯定自己，因為這七個字裡，有多少心血熱淚只有我自己能記憶！

❝ ....

　　畢業前，最後一堂課上，木村光希老師說了一句話：「**讓每個人都成為送行者！**」

　　這句話，我放進心裡並且畫上螢光重點，並且在課堂上想了很久很久——

　　每個人都成為送行者？送什麼？替誰？

　　腦子裡運轉著老師給我的這句話，我無時無刻想著自己回來台灣能做些什麼，能透過這些不一樣給我的家創造哪些不同？

想著要怎麼給予不一樣的時候，當然先看看現在是什麼模樣；上一本書，我說我在殯儀館看見最多的是「無常、後悔、遺憾」；認真翻閱自己在日本的這些日子，在他們運轉的生命鏡頭下看見的竟是「本土的不知和不覺」。

　　我記得我在一個聚集成功人士的社團裡，對一群平均 60 歲的長輩分享著日本和台灣的不一樣，當我用很肯定的口氣說出「我看到的是本土的不知和不覺」時，我看見這些長輩們瞪大眼睛，一臉驚訝。

　　不知，死亡不會因為你們不提就不來；不覺，自己的觀念需要變更。

　　我們好奇怪，台灣人好奇怪，所以跟自己最相關的事情，自己都無法親自處理：要結婚，我們要找媒人婆；要辦喪事，我們要找葬儀社。

　　「你們能回答我為什麼嗎？為什麼這些跟自己最相關的事情，我們自己完全不懂？」

如果我這樣問他們，
百分之一百的回答會是「家裡有對這種事忌諱」；
百分之兩百的回答是「覺得這個議題很可怕」；
百分之三百是「沒有機會學習」；
最後統整出百分之四百的重點，我們的「教育養成」！

從小的教育總是給了我們這樣的邏輯：如果你做了什麼決定，你就會有什麼後果！但好像沒有一個觀念是告訴我們，**有些事情就算你不去想，「它」還是會發生。**

從小，死亡被加上了恐怖的顏色，大家依然避之唯恐不及，家人教我們的是：不要看不要說不要問，然後加上一句：「趕快避開！」

我曾在演講上遇到一個 40 歲的姐姐，她和我們分享，她的憂鬱症走了整整 16 年走不出來，原因是 16 年前在母親的告別式上，她沒有上前去看媽媽最後一面，因為當時的「害怕」……

當人的意識隨著時間環境成長，這個恐懼最後慢慢變成

沒得彌補的遺憾，成為內心永遠的空洞，最後變成一直存在的傷痛。

說真的我們都必須去檢討，我們是教育者，也是被教育者；你會發現我們現在遇到好多的問題，好多無謂的痛苦，都是不知道從什麼時候開始，環境拒絕了我們練習面對的機會，因為恐懼，因為忌諱。

我們都知道「四道」人生：道愛、道歉、道謝、道別；
而我總是會問大家：請問你認為這四個順序應該是如何？哪一個最重要？

別擔心，這個沒有正確的答案，因為每個人的成長、背景、故事，都會產生不同的答案；而對我來說，身為一個生命事業者，最重要的真的是面對「道別」，是「好好說再見」。

精靈茶會

：

有些想念，不是想念，
而是從未忘卻，從未告別。

於是，我們開辦了「精靈茶會」。
因為，聽到了太多太多害怕死亡而產生的遺憾。

人們或許因為不了解，或許因為無知，所以感到害怕。
但我想要陪伴大家仔細去想：到底為什麼要有出生跟死亡？
為什麼死亡要存在？

但你們知道嗎？其實死亡是被世界發明的，它是一種規定，是已經被創造出來的事件，雖然是一種不可逆的發生，但「它」不是無情的劇本。清楚一點地說，這是一種管理世界的方式，是我們來到這個世界的遊戲規則，出生有死。

我曾這樣分享過：
朋友給朋友最好的禮物是機會，
父母給子女最好的禮物是榜樣，
孩子給爸媽最好的禮物是榮耀。

這些生死觀念一直以來有沒有人宣傳？這些活動有沒有人帶動？
有！絕對有！但我們不需要很多人來聽，只需要眼前的你和我一起跨出這一步，用心感受、以身作則地認真面對，勇敢去做。

從你們開始，我的天使們。

"

　　第一場茶會之前，我做了海報和報名表單，公佈在我的臉書上，很快地，報名人數竟然將近六十個人，透過每一個人留下他想報名的原因，從六十個人中篩選出九個成功報名者。

　　為了第一場活動，我自己一個人在桃園到處勘查適合的地點，選擇適合的餐廳，準備妥當的活動主題，大量閱讀，聆聽也學習。

　　很快地，期待籌備許久的精靈茶會第一期開講了！我印象很深刻，第一個踏進來的是一個長髮女孩，她睜大眼睛看著我，眼睛裡卻有淚，但這是我們第一次見面！

　　接下來大家陸陸續續進場了，在一間咖啡廳的二樓，一個有屏風遮擋不會輕易被干擾的空間。我數著人數，一二三四五六七八……咦？少了一個人。

　　樓梯間傳來高跟鞋的腳步聲，最後一位進場的是打扮簡

單卻全身散發貴氣的長輩，她笑笑地走進來坐在位子上，眼神中透漏著滿滿的故事。

說真的，我確實是一個想太多就無法向前的人，很多時候我都決定先向前走一步，選擇相信接下來這條路上會有現實教我下一步該怎麼走。所以當我看到有出乎我意料的參與來賓時，當下本來稍微有些擔心，忍不住在心裡想：這場茶會能帶給他們什麼呢？他們吃過的鹽米、喝過的茶水都比我多上好幾倍呢！

但是我還是無所畏懼地開始分享。

開始前，我和大家做了一個安全約定：今天在這聽見的所有事情，請大家出了這個門絕口不提。

接著，我問大家：
「如果你有壓力堆積，你會怎麼排解？」

大家分享了很多方式，去逛街、運動、吃美食、聽音樂……諸如此類，我也和大家分享我的——我會好好呼吸一次，因為在我還沒好好呼吸之前，不管逛街、運動、吃美食、

聽音樂那些我沒有一樣做得好！

於是，我們一同閉上眼，在這個只有我們的安全空間裡做了反覆的腹式呼吸，一起靜下心，因為，今天的活動不只要動腦啟動記憶，還有個更難的課題，要用心。

我們的座位呈ㄇ字形，我從左手邊開始讓在座各位分享，大家開始分享著自己經歷了哪些生死，分享著遺憾和後悔無常用什麼樣的方式表現在他們的眼前。

在這個十個人圍成的空間裡，會議桌上擺了三大包衛生紙，不知道是否因為我們的空間不被打擾，話題不被打斷，情緒不被壓抑，大家都低著頭默默拭淚，「用心」聆聽著大家的生命故事。

很快地輪到了那位長輩姐姐，她笑笑低下頭，難以啟齒地扭曲了一下身體，我開口鼓勵她：「剛剛看見姐姐走進來，就感覺妳應該有滿滿的故事，不知道妳願不願意和我們分享呢？」

她做了個深呼吸才開口：「確實，就像妳說的，我這些年送走了太多位親人，包括我的摯愛——我的寶貝女兒。」

　　她娓娓道來這些年所經歷的一切，一個人扛起家計，獨自照顧女兒，卻因為寶貝女兒突然生病，陷入強大的自責，最後女兒無法痊癒而離開這個世界，做媽媽的她更是陷入深深的罪惡，那段日子，她不斷地責怪自己，一直覺得「是不是我沒有把她照顧好」、「她是不是在怪媽媽，所以都不回來看我」、「我是不是沒有資格當一個母親」……

　　女兒成為天使之後，卻成為她心裡巨大的罪惡和悲傷，很長一段時間以來，她從滿滿的放不下到現在願意試著接受女兒離開的事實……

　　我們大家在旁邊陪著這位長輩姐姐，聆聽她深刻的故事，她說完之後，大家一起拿起衛生紙擦拭滾落雙頰的淚水。

　　「謝謝你們願意和我們分享最疼痛的故事，我不知道今天的茶會可以帶給你們什麼，但請你們一定要相信今天發生的所有事情，都有它的安排。」

接著，我們進入第二個主題，「對不起，謝謝你，我愛你。」

我發下一張全空白的紙，請他們寫下這些「想說的」和「來不及說的」。

半個小時之後，大家都寫完了，我請大家互相交換角色，把自己放在當事人的角色「用心」聆聽，然後幫我回答對方。若是聽完，沒有話想說，卻想要擁抱對方，就請跟著直覺勇敢表達。

相互交換聆聽對方的信件內容，每個人都得到對方的擁抱，還有一些這樣的話語：

「沒關係，以後常常回家就好。」

「不客氣，其實我也應該謝謝你。」

「我也愛你，在外生活照顧好自己。」

而特別的是，我接下那位長輩姐姐的信，讓她等到最後，才邀請在座的大家一起把自己放進這個收件人的角色裡：

「我們剛剛都聽見這位姐姐勇敢和我們分享她最痛的故事，我們一起陪著她把手上這封來不及寄出的信寄出去好嗎？」

　　大家點點頭，手上的衛生紙沒有放下過。

　　我問姐姐願意和我們分享信件的內容嗎，她說她沒有寄給誰，她要寫給自己：
　　「對不起，曾經讓你陷入那樣的深淵。」
　　「謝謝你陪我經歷了那些黑暗和痛苦。」
　　「我愛你，接下來會更努力的去感受也愛惜身邊的一切。」

　　姐姐帶著一臉感動，終於說出了從未說出口的心裡話。她做了一個很好的榜樣，回歸自我。

　　最後，大家輪流走到她的身旁，獻上一個擁抱。
　　「我想跟妳說，這一路上妳辛苦了。」
　　「謝謝妳沒有放棄，妳真的很勇敢。」
　　最後，和她女兒年紀相當的一個女孩，攤開雙手走向前，

擁抱了她。

「媽媽，我想跟妳說，我沒有怪妳，也真的很愛妳，妳一定要連我的份，一起活得開心健康，不要擔心我。」

在場的所有人，包括我，感動著哭著，笑著感動著，長輩姐姐也笑著哭著，「謝謝大家，謝謝大家讓我感受到了，謝謝大家⋯⋯」

這一天，我看到大家心中最真實的一面，在這個有安全感的地方，用一個「愛」的大圓圈圍繞著長輩姐姐，讓真情盡情流露。

我們都是女兒化身而來的特派小天使，大家在這裡遇見，從一開始的難以啟齒，到慢慢地相信我們給的安全感，接著陪伴著她走過情緒起伏，最後用愛包裹傷痕，安置在內心的妥當角落。

之所以叫作精靈茶會，是因為我們要不斷像個天使，飛翔各地傳達這種「精」神，然後保守自己最健康的身心「靈」，我們牽著彼此的手，即便每個人都有自己的路要走，

也在這樣一杯咖啡的時間，感受世界最巨大且無私的愛。

我知道，我也經歷過屬於我的痛苦，我也曾歇斯底里認為，沒有人能比我更難受，沒有人能體會「祂」的離開帶給我的痛，但請你伸出手，探出頭，讓我們牽著你，讓光暖照你。

不用急著走出去，不要總是叫人「走出來就好了」，因為這個傷痛不會就此消失；但也沒有過不去，因為只要你願意，這件事情雖然存在，但你也依然向前了。

我看過一段話是這樣寫的：
「有些想念，不是想念，而是從未忘卻，從未道別。」
從未道別，是因為沒有勇氣，拒絕面對。

說再見，真的不難。好好道別，因為總有一天，我們會再見。

有故事的人，
重生的你

：

謝謝那些把自己從懸崖上一把推下的挫折，
讓我知道，
原來能靠自己這樣再揚起翅膀。

　　快閃兩天的日本出差，半夜三點才剛剛抵達機場，回家
還沒得好好休息睡覺，聽了幾個演講、翻了幾本書，準備著
隔天的茶會，但依然帶著略略忐忑的心淺淺入眠，想著明天
活動流程應該怎麼安排，我能帶給大家什麼？

精靈茶會其實沒有辦法完全掌控當天的流程，因為活動中常常會有情緒上的突發狀況，比如說「參與人員哭到快要暈倒」之類的。

第四期的精靈茶會，我記著第一期參與人員帶給我的感動，這次我邀請他們一起成為種子，結果活動意外地順利而且有意思……喔，不，是有故事。

茶會一開始，一如往常，透過上一本書的故事，我和大家一起討論現代人對死亡的認識和處置，以簡報分享我在殯儀館看到最多的「無常、後悔、遺憾」，也透過《黑暗中，我們有幸與光同行》裡頭的故事，分享這六個字以什麼模樣出現在我的生活裡。

接著，我邀請現場每個人分享對死的想法，讓我很震撼的是，大家都勇敢地開口、哽咽地分享。

一進門帶著滿滿笑容的大哥：
「我哥哥在 18 歲就因車禍離開，
卡車就從他的臉上輾過去，我親眼看到他離開的樣

子……」

一對姐妹：
「我媽媽在妹妹五歲的時候，就過世了，
所以我一直很努力地扮演著媽媽的角色，
希望妹妹可以不要缺少任何一部分……」

兩個孩子的爸爸：
「因為家庭關係並不是那麼友善，我想盡辦法出國工
作，就是想離開家，直到她離開了……
我很後悔，沒有機會讓她親眼看到自己當奶奶了……」

我的好閨蜜：
「我知道當媽媽的一定都很期待新生兒的到來，
去年我挺著大肚子，看著我爸在修理屋頂鐵皮，
出門前，爸爸提醒我經過要小心，但才短短兩個小時，
回來時爸爸已經躺在一灘血泊當中，
而我只能挺著大肚子，送爸爸離開……」

不一樣的人生，不一樣的故事，每個當事人都勇敢地分

享自己如何經歷這些痛苦，怎麼和常常洶湧而上的情緒共存。

中場休息時間，坐在第一排的大男孩問我：「老師，剛剛在講的與它共存，請問要怎麼共存？不知道從什麼時候開始，我每天都不快樂，那樣的夢魘每天纏著我，怎麼共存？根本不可能啊！」那是一種非常強大的質疑語氣。

接下來，我們開始對談。

「你察覺到和什麼情緒無法共存？」

「我不知道，反正從那個時候開始我每天都不快樂！」

「如果你願意，等等可以在這個安全的環境說出來，我們一起找看看。」

「不，我不會說的，反正我就是快樂不起來。」

不管口氣或眼神，都看得出他想說的其實是「你們不懂」。我沒有馬上回應他，只是微笑地點了點頭，從一旁走過。

三秒後，我折了回去，小聲地問：「我冒昧的問你，你有沒有看醫生？」

「有，有看過。」眼神左右游移，我知道他害怕自己的不一樣會遭受異樣眼光。

「有用藥嗎？」

「吃那個沒有用的！」他搖頭，似乎是求助過藥物但無效。

「好，我知道了。」

我特別將他安排在最後一位分享，當他坐在前方，正準備要開口的時候，我制止了他。「等等，我必須先提醒你，今天你幫自己報了名，積極爭取這個名額，也讓自己來到這裡，我希望你相信自己，也相信我們一次，我希望你勇敢地說出真話！我們陪著你，你很安全。」

他沒有回應，卻開始試著說出他現在的生活概況：

「從那個時候開始，我的心就像死掉一樣，我每天都想死……」

「要不是因為我媽媽，我每天都在撐，至少要撐到哪天她走了……」

「因為我不能讓她白髮人送黑髮人，這樣很不孝，我也不捨得……」

「我每天都不快樂，真的快樂不起來……」

現場有人舉手發問：「如果去旅行或吃美食，這些也無

法讓你快樂嗎？」

他猛烈地搖頭回應：「你們不會理解的，這些對我來說根本起不了任何作用，我就是什麼都不想做，做什麼都不快樂！」

過了兩分鐘，我站在他的身旁，往座位席的方向大膽地問：「來！在座的各位，他剛剛說的那些沒人理解的痛苦過程，曾經有過的舉手好嗎？」

我用著肯定的語氣領起了現場六隻手，大家都明顯地看到這個大男孩眼睛瞬間睜大，好像覺得很意外。

雖然他說了很多很想放棄生命的話，卻都圍繞著媽媽，顯然因為媽媽還活著，覺得不能放棄生命。

「我想大家都有聽到，他的人生中還是有一道光，最後一道光。」

「嗯，是他的媽媽。」大家立刻回答。

「來，我問你！你覺得你媽媽過得快樂嗎？」

他突然慚愧地低頭。

「你老實告訴我！她真的快樂嗎？」

他抬起頭，對著我們搖了頭。

「在場的人裡我應該最有資格和你分享，你以為媽媽不知道你怎麼了嗎？其實不只是你覺得你在為了她撐下去，媽媽也因為你一直在堅強地走著！你是她身上的一塊肉，你以為她真的什麼都感受不到嗎？」

就在這個時候，座位席上有位媽媽，摀著臉幾乎崩潰地一直哭，一邊舉起手請求分享發言。

在請她分享之前，我跟大男孩說：「請你用心聽聽這位媽媽接下來要和你說的話，這就是你媽媽的心情！」

「我想告訴你，做媽媽的和孩子的連結是很密切的，我的孩子，曾經也和你一樣，經過了一段黑暗，在陪伴他的那段過程裡，我每天只能偷偷以淚洗面，看著自己的孩子失去笑容，甚至從心理醫生那裡聽見自己的孩子想自殺，我的心真的好痛，但是我不能倒下，為了我的孩子，我必須更堅強……」這位坐在角落的媽媽最後幾乎崩潰哭喊，「我想告訴你的是，你是我拼了命換來的禮物，你身上受一點傷、挨一點痛，我都是千百倍的不捨……」

此時此刻，大男孩已經因為這段分享震撼到全臉漲紅。

我請這位媽媽坐到大男孩的前方，問他：「如果現在給你一個機會，媽媽就在這裡，你有什麼話想和媽媽說嗎？」。

「我不知道！我頭好暈……」他抓著頭瀕臨崩潰地自言自語。

我請大家起身圍繞著他，擁抱著他，然後在一旁對他說道：「你很安全！我們陪你！這邊大家都陪著你！」

在大家的包圍中，傳來一個帶著喊叫的崩潰哭聲，接著，大男孩從椅子上滑坐到地上。

聽見他終於哭出聲，周遭每個人都對他喊：「你很勇敢，你做到了！」

我們沒有遞給他衛生紙，而是圍著他，讓他整個人躺在地上哭。

「就讓他哭！躺著哭！哭到吐都沒有關係！」我大聲說。

直到他緩和情緒，終於從地板上坐起來時，我才問他：

「你多久沒哭了？」

「整整五年了吧！」

「很好，你做到了！」

「剛剛那位媽媽在說話的時候，我好像感覺到媽媽和女友，她們的心好痛……因為她們看著我，我必須好好活著！」

最後的重生活動，他也是最後一個體驗躺入棺木的人，三分鐘後，當重生門開啟之後，大家笑著問他：「有什麼體會嗎？」

他回答：「我要好好活著。」然後慢慢踏出棺木。

這時，大家對他說：「生日快樂！」

那位分享的媽媽站在一旁，這一次，大男孩主動張開雙手擁抱這位媽媽。

「謝謝妳，謝謝你們，給我重生的機會……」

活動在這樣的新生之中圓滿畫下逗號，我也轉身抱了這位媽媽──

她是我的媽媽，許伊妃的媽媽。

而按照慣例，今天依然哭完三包衛生紙，參與人員還自

備一整包家用型衛生紙。

"

在死亡的發生裡頭，其實藏著世界給我們最珍貴的禮物，但多數人還沒有將它拆封就將它遺忘或者丟棄了。

今天爆發的能量，強大到活動結束之後，我只想馬上找個地方收藏現下的感動，好好安置滿出來的情緒，而日式燒肉店動感的音樂背景，剛好平衡我可能隨時崩盤的情感。

過了幾天，大男孩傳了訊息給我：
「我答應你們，這是我給大家的承諾，我會努力地去感受生命的美好。」

我們做到了，**用生命影響生命，成為自己的光，也成為別人的太陽。**

我們一起從意識恐懼，到面對、勇敢、陪伴、療癒，這一切如此震撼！

面對和接受，就是這個茶會的課題，沒有勇氣千萬別報名！哭腫的雙眼可能會是活動的最大謝禮。

我不知道我可以這樣做多久，不知不覺地第四期了，但我一直帶著希望，希望回首能看見自己把自己帶往更好的地方。

我經歷了一些什麼，但你們也陪著我，一起不回頭地向前走，表裡如一地，努力變成自己想要的樣子，走在自己應該適合的軌道上，做自己該做的事情！

我們更認識自己，也都找回自己了。

死亡的代價如此大，就算陷入一陣黑暗，也要相信上天一定有安排。

再次感謝身邊的每個你們，謝謝你們成為自己的光。

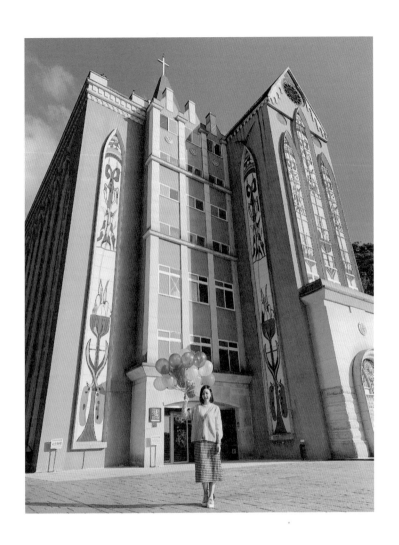

終活

：

這一切的故事，從日本開始，
最後也坐在充滿希望的東京街頭書寫下句點。
我想這是我追逐生命第二階段的最後一篇文章。

原諒我這個小女孩，即將從今天開始踏上生意之路——
喔……錯了，是生「義」之路，我將變得更成熟，我將為了
自己和更多的人，做更大也更多的努力，讓我的生命更有意
義；就算沒有意義，也盡全力地讓一切有意思。

這個故事的結束之後，也在另一個蛻變階段開始之前，

我想對自己做一個告解：

「嗨，許伊妃，透過一個階段的結尾，
妳得改變過去所有的不成熟，控制更多的不穩定，
從雙捧的手心，轉換成向下的給予，
因為每個下一秒，妳都得長大一點一寸。」

我也想在這做最大的感謝，感謝這些年，在我二十五歲前遇上的所有人事物，在 2019 年以前栽培我的所有貴人、同業前輩、一路支持我的讀者們！無論是好的相識，還是各種善惡緣分交集，我想對你們致上一百萬分的感謝、歉意、愛意，但也在這裡揮手告別 2019 的許伊妃，接下來，2020 我們都將更好了，我們終於知道該怎麼活了！

66 ....

這些天，我一個人在東京的葬祭場裡翻滾，和 19 歲那年的我一樣，除夕夜一個人度過；但不一樣的是，那時年輕的我，是因為選擇了這個黑到不見底的殯葬業而被質疑；而現在的我，正在用努力去把身上的標籤一張一張撕下。

這個過年，我在日本的公司接受企業管理訓練、悲傷輔導專業、遺體處理技術提升，因為我將把自己奉獻給生命，我得做更多的學習，更多的努力，因為我要用我的生命影響更多的生命！

在殯葬圈子裡步行近十年，我總是遺憾著很多：
想向遺體做更細心的處置礙於現況總處處受限，
想給家屬真正有效的葬儀卻受觀念限制總無能為力，
想對想學習殯葬的新生代們分享學習經驗卻無從起始。

這短短的三行，將會出現在我未來生命中的每一分寸，
記在我的腦袋；也刻在我的心。

我將帶著這樣的初衷，也帶著一路上你們對我的期待，透過精靈茶會講座，我們一起從「終」學習，一起在終點發現起點，一起面對生命原來是這樣一回事。

短短的文字，卻是我現在最真的告白。
面對和逃避不是絕對，但你絕對要學習面對。

我們做的一切，就是拆開「死亡」給我們最棒的禮物，
你會看見原來裡面有閃亮的「生命」。

我是許伊妃，我從生命的最末端，看到了起點。

最後的最後

故事最後，
我想對你們獻上最真最真的感謝！
謝謝你們用最珍貴的時間，耐心品嚐到了這一頁。

這個階段的成果，要感謝的人事物太多太多，
無法一篇一篇打成文章，
但我想把這本書獻給最重要的你和你們。
因為沒有你們，我絕對絕對沒有今天。

謝謝我的家人，還有陪我完成這本書的時報出版、
我的日本家人 jenello、啾啾、肯尼、ASH、家蓁；
還有回國後給予我支持的金麟生命、一魂燒肉、
天送生命、天品山莊、明治日語、單程旅行社。
九十度鞠躬地向你們說聲感謝，真的謝謝你們。

玩藝 0090

作　　者—許伊妃
攝　　影—子宇影像有限公司
妝　　髮—廖佩玟
封面設計—季曉彤
內頁設計—楊雅屏
責任編輯—施穎芳
主　　編—汪婷婷
責任企劃—田瑜萍

總 編 輯—周湘琦
董 事 長—趙政岷
出 版 者—時報文化出版企業股份有限公司
　　　　　108019 台北市和平西路三段二四〇號二樓
　　　　　發行專線　（02）2306-6842
　　　　　讀者服務專線　0800-231-705、（02）2304-7103
　　　　　讀者服務傳真　（02）2304-6858
　　　　　郵撥　1934-4724 時報文化出版公司
　　　　　信箱　10899 臺北華江橋郵局第 99 信箱
時報悅讀網— http://www.readingtimes.com.tw
電子郵件信箱— books@readingtimes.com.tw
時報出版風格線臉書— https://www.facebook.com/bookstyle2014
法律顧問—理律法律事務所　陳長文律師、李念祖律師
印　　刷—金漾印刷有限公司
初版一刷— 2020 年 3 月 20 日
初版二刷— 2020 年 10 月 7 日
定　　價—新台幣 350 元

把自己變成光：走過「死亡」，「生」便有了意
義，台灣第一位日方認證送行者不得不說的生命
故事 / 許伊妃著 .-- 初版 .-- 臺北市：時報文化，
2020.03
　面；　公分 .--（玩藝；90）
ISBN 978-957-13-8126-8（平裝）

1. 殯葬業

489.66　　　　　　　　　　　　　109002736

走過「死亡」，「生」便有了意義，
台灣第一位日方認證送行者不得不說的生命故事

把自己變成光